本书获得上海市新闻出版专项资金(数字出版)资助

走近大洋洲动物

何 鑫　刘秀梅　晓 羽　主编

上海大学出版社
·上海·

图书在版编目（CIP）数据

走近大洋洲动物 / 何鑫，刘秀梅，晓羽主编. --上海：上海大学出版社，2024.3
（走近动物系列）
ISBN 978-7-5671-4925-0

Ⅰ. ①走… Ⅱ. ①何… ②刘… ③晓… Ⅲ. ①动物－大洋洲－青少年读物 Ⅳ. ①Q958.56-49

中国国家版本馆CIP数据核字(2024)第017877号

责任编辑　盛国啓
装帧设计　柯国富
技术编辑　金　鑫　钱宇坤

走近大洋洲动物

何　鑫　刘秀梅　晓　羽　主编

出版发行	上海大学出版社
社　　址	上海市上大路99号
邮政编码	200444
网　　址	https://www.shupress.cn
发行热线	021-66135112
出 版 人	戴骏豪
印　　刷	上海新艺印刷有限公司
经　　销	各地新华书店
开　　本	787mm×1092mm　1/12
印　　张	8 $\frac{2}{3}$
字　　数	180千字
版　　次	2024年3月第1版
印　　次	2024年3月第1次
书　　号	ISBN 978-7-5671-4925-0/Q·15
定　　价	78.00元

总 顾 问　褚君浩（中国科学院院士）

主　　编　何　鑫　刘秀梅　晓　羽

科学顾问　张劲硕　程翊欣

编　　委　（排名不分先后）
　　　　　何　鑫　刘秀梅　晓　羽　高思琴　宋钰洁　刘思聪　周昱含　宋　航
　　　　　薛会萍　高　艳　宋婉莉　高　洁　卓京鸿　谢晓敏　赵　妍　程翊欣
　　　　　王晓丹　艾丽菲拉

美术指导　梅荣华

绘　　图　（排名不分先后）
　　　　　胡晏菲　童乐凡　王怡雯　王诗云　顾　睿　任奕君　唐　屹　雷　璟
　　　　　雷民荞　朱晴雨　王　镇　郭津含　任　辙　冯思琪　余楸垚　孙　诺
　　　　　马艺铭　徐雨彤　余　悦　叶　逸　冯永明

技术支持　上海耀想信息科技有限公司
　　　　　科大讯飞股份有限公司

特别鸣谢　华东师范大学
　　　　　上海市香山中学
　　　　　国家动物博物馆
　　　　　上海自然博物馆
　　　　　中国科普作家协会

目 录

- 1 前言
- 3 一、大洋洲简介
- 8 二、让我们一起认识一下在大洋洲地区生活的动物吧!
  - 8 活化石——鸭嘴兽
  - 12 生蛋的"刺猬"——针鼹
  - 16 桉树上的"钉子户"——树袋熊
  - 20 大嘴"恶魔"——袋獾
  - 24 火灾英雄——袋熊
  - 28 拳击高手——赤大袋鼠
  - 32 澳大利亚顶级掠食者——澳洲野犬
  - 36 三眼"蜥蜴"——喙头蜥
  - 40 沙漠精灵——鬃狮蜥
  - 44 食人的鳄类——湾鳄

48	澳大利亚国鸟——鸸鹋
52	雨林神鸟——鹤鸵
56	行走的猕猴桃——几维鸟
60	爱"笑"的翠鸟——笑翠鸟
64	"土包"专家——冢雉
68	华丽舞者——琴鸟
72	不会飞的重量级鹦鹉——鸮鹦鹉
76	家常宠物——虎皮鹦鹉
80	天才建筑师——园丁鸟
84	鸟界舞王——极乐鸟

88 三、一起来画一画吧!

92 四、一起来学习一下动物的科学分类吧!

94 AR（增强现实）使用说明

前 言

　　大洋洲，有着多姿多彩的自然风光。大洋洲几百万平方千米的海域有上万个海岛，其中包括世界第二大岛新几内亚岛、新西兰的北岛和南岛，还有被誉为世界最大"岛国"的澳大利亚。大自然赋予了大洋洲千奇百怪、多姿多彩的美丽风光：世界七大自然景观之一的大堡礁，全球最大的独块岩石艾尔斯巨石，举世无双的波浪岩，被誉为"冲浪者天堂"的黄金海岸……自然也同时造就了这里独特的珍禽异兽和稀有物种，如树袋熊、袋鼠、鸸鹋、极乐鸟、琴鸟、笑翠鸟、鸭嘴兽、几维鸟等，都是大洋洲独有或世界少有的。

　　大洋洲，拥有丰厚的世界遗产。小小的大洋洲，却拥有不少独特的世界文化和自然遗产，其中有新西兰汤加里罗国家公园、密克罗尼西亚纳马杜遗址、所罗门群岛东伦内尔岛、瓦努阿图洛伊玛塔酋长领地、澳大利亚昆士兰热带雨林和乌鲁鲁-卡塔丘塔国家公园、巴布亚新几内亚库克早期农业遗址等30多处。

　　大洋洲，亦是色彩斑斓的文化大熔炉。多种文化的集结，形成多元化的岛国。大洋洲的人类历史可追溯至4万年以前，土著居民的祖先最早来自东南亚。16世纪欧洲人开始登岛。从人口结构看，三大岛群上的居民分别是美拉尼西亚人、密克罗尼西亚人和波利尼西亚人。三大岛群各有各的语言，各有各的习俗。澳大利亚和新西兰则主要是欧洲移民的后裔。种族的多样性，形成不同风格的音乐舞蹈、美食、服饰、绘画、雕刻等，异彩纷呈，独具特色。

　　大洋洲是美丽的、多彩的，但为数不少的岛屿随着地球变暖将面临消失的危险。最明显的岛国是图瓦卢和基里巴斯，它们在不远的将来也许要从地图上永远抹去。这绝不是什么危言耸听！地球是我们共同的家园，让我们珍惜这美丽的一切！

　　去大洋洲，解读大洋洲上的神秘动物们吧！

　　让我们来一场跨越半球的旅行。

一、大洋洲简介

（一）名称及地理位置

大洋洲[①]，英文为Oceania或Oceanica，通指赤道南北、太平洋西南部的大陆和岛屿。

大洋洲介于亚洲、美洲和南极洲之间，西邻印度洋，东邻太平洋，并与南北美洲遥遥相对。

（二）面积大小[2]

广义的大洋洲包括澳大利亚、新西兰和新几内亚，以及密克罗尼西亚群岛、波利尼西亚群岛、美拉尼西亚群岛。三组群岛共有1万多个岛屿，连同大陆面积共897万平方千米，约占世界陆地总面积的6%，是世界上面积最小的洲。狭义的大洋洲仅指密克罗尼西亚等三组群岛。

（三）总体地貌[3]

大洋洲的地貌结构自西向东有五个明显不同的地貌单元：大陆西部的侵蚀高原（西澳高原）、大陆中部的沉降平原（中澳平原）、大陆东部的断块山地（东澳山地）、大陆东侧的新褶皱岛弧（大陆型岛屿）、更东的火山－珊瑚岛屿群（海洋型岛屿）。

大洋洲除部分山地海拔超过2 000米外，一般在600米以下。海拔200米以下的平原约占全洲面积的1/3，200—600米的丘陵、山地约占全洲面积的1/2以上。为世界地势低缓的一洲。

（四）动物的主要特征[4]

大洋洲岛屿众多，陆地分散，并远离其他大陆，位置十分孤立，因而陆地动物具有与其他大洲的动物显著不同的特征。

（1）动物种类贫乏，缺少高等哺乳类。

大洋洲的动物种类不多，普遍缺乏其他大陆上占主要地位的高等哺乳动物。在高等的真兽亚纲中，除了翼手目的蝙蝠和小型啮齿目外，其他各目极为稀少或完全没有。后兽亚纲的有袋目和原兽亚纲的单孔目等低级哺乳动物，也仅见于澳大利亚和伊里安岛。新西兰和其他群岛上，动物种类和数量更少，不仅没有单孔目和有袋目等哺乳类动物，爬行类、两栖类和淡水鱼类都十分贫乏，很多岛屿上连昆虫也极少见。大陆上的野兔、狐和各地饲养的马、牛、羊等都是近200多年来随着欧洲人移入的。

（2）鸟类丰富，分布甚广。

大洋洲地处热带、亚热带，除澳大利亚中、西部外，气候普遍温和湿润，植被茂密，为鸟类生活、繁衍提供了良好条件，虽有海洋阻限，但对飞鸟影响甚微，故鸟类繁多，分布广泛。例如，澳大利亚拥有鸟类600多种；动物贫乏的新西兰有巢居鸟80多种，深居太平洋中

部的珊瑚小岛——马克萨斯群岛也经常栖息着10多种鸟类。

（3）动物的特有种多，古老性强。

澳大利亚的3种单孔目和大约150种有袋目哺乳动物，既是本地的特有种，也是古老的子遗种，据古生物学家研究，有袋类动物在距今6 700万年以前遍布于南、北美洲和亚欧大陆，单孔类的鸭嘴兽化石在澳大利亚大陆的第三纪地层中被发掘，这充分说明它们都是早第三纪古动物的残遗种。而新西兰动物的古老性更为突出，主要表现为动物非常贫乏，特有种比例大，古老性强，譬如，新西兰的鳄蜥是世界上爬行动物最原始的一种，属于中生代三叠纪初的子遗种；鸟类中特有种占70%左右，其中几维鸟等都是世界上同类动物中最原始的代表。此外，澳洲肺鱼也是近两亿年前中生代初期地球上广泛分布的角齿鱼的后裔。这些充分表现出大洋洲动物强烈的古老性和特有性。

（4）动物分布区域差异明显。

大洋洲所占空间辽阔，各地自然条件不同，动物类群区域差异显著。澳大利亚大陆东北部和伊里安岛气候湿热，森林茂密，动物丰富，以喜湿、攀缘的类群为多，如大耳袋鼠、袋熊、树袋鼠、野犬、鸭嘴兽和极乐鸟、鹤鸵、黑天鹅等鸟类。大陆中部草原区的代表动物有大袋鼠、袋熊、袋獾以及鸸鹋等鸟类。大陆西部荒漠区动物种类和数量均少，主要生活着耐干热的跳鼠和针鼹等。新西兰的代表动物有多种奇特的鸟类和爬行类，如几维鸟、鸮鹦鹉、鳄蜥等。由此可见，大洋洲动物的分布区域差异明显。但是，从整体看来，大洋洲动物的分布具有从西向东逐渐减少的趋势。

（五）独特的自然环境[5]

大洋洲的动物界特点的形成，主要与其陆地形成、演变历史和自然环境有着密切关系。澳大利亚曾是冈瓦纳古大陆的一部分，从晚三叠纪到侏罗纪末，先后分裂为印度、非洲、南美洲和南极洲几块陆地。白垩纪末期为一个大变动时期，当时世界上约有1/3陆地生物被绝灭，其中包括盛极一时的恐龙、蛇龙、飞龙等大型爬行动物。在爬行类动物大量消灭的同时，哺乳类动物得到迅速发展。

亚欧、北美大陆幅员广大，自然环境复杂，动物进化较快，首先出现了一些凶狠的食肉目哺乳动物，使动物生存竞争加剧，一些低等或原始的动物遭到灭绝。澳大利亚自然环境单调，动物进化缓慢，加之在其他大陆尚未出现大型食肉类动物之前就已分离，因此，成为单孔类、有袋类等许多特有种和其他一些原始动物的避难所与繁衍地。除上述原因外，澳大利亚未曾受过第四纪冰川的侵扰也与动物种类贫乏、特有种多和原始性强有关。

---

① 地图汇.涨知识！世界七大洲，你知道名字的来历吗？[EB/OL].人民号.https://rmh.pdnews.cn/Pc/ArtInfoApi/articleid=5343951.
② 来源《辞海》第七版。
③ 陈宁欣，王皓年.大洋洲地质基础和地貌结构简析[J].河南大学学报.1984(3)：77-82.
④ 陈宁欣.大洋洲动物的特征与分区[J].河南大学学报.1987(1)：89-92.
⑤ 陈宁欣.大洋洲动物的特征与分区[J].河南大学学报.1987(3)：89-92.

走近大洋洲动物

二、让我们一起认识一下在大洋洲地区生活的动物吧!

活化石——鸭嘴兽

AR魔法图片

明星名片

鸭嘴兽(学名: Ornithorhynchus anatinus)。该属名前半部分来自古希腊语,意思是"鸟嘴",后半部分则是拉丁语,意思是"鸭子一样",恰到好处地描述了鸭嘴兽奇特的长相。鸭嘴兽的嘴巴大而扁平,而嘴的前上方有两个用来呼吸的鼻孔,它们小小的眼睛则和耳孔相邻。鸭嘴兽的四肢短小、趾间有蹼,皮毛为棕褐色且富有油脂,能够隔水并且保暖。鸭嘴兽的尾巴大而扁平,约占体长的1/4,游泳时当作桨来使用,其中储存着脂肪。成年鸭嘴兽体重为0.7—2.4千克,体长为40—50厘米不等,雄性体形比雌性大。作为鸭嘴兽科鸭嘴兽属中的唯一一种动物,鸭嘴兽仅生活在澳大利亚东部地区和塔斯马尼亚岛。它们昼伏夜出,在河岸上挖洞筑巢,擅长游泳。作为澳大利亚的代表物种之一,鸭嘴兽广受喜爱,澳大利亚20分硬币上就铸刻着水中自由游弋的鸭嘴兽。

Platypus

界:动物界 Animalia
门:脊索动物门 Chordata
纲:哺乳纲 Mammalia
目:单孔目 Monotremata
科:鸭嘴兽科 Ornithorhynchidae
属:鸭嘴兽属 *Ornithorhychus*

鸭嘴兽的外形有多奇特？ 鸭嘴兽的长相和身体构造似乎结合了哺乳类、爬行类和鸟类的特征。因此，当它们的标本第一次出现在欧洲时，当时的科学家还以为这是一个恶作剧。鸭嘴兽的身体同其他兽类一样，浑身长满浓密的短毛。雌兽以乳汁哺育幼崽，腹部两侧乳腺分泌乳汁却没有乳头。可是，它们又和爬行类动物和鸟类一样，靠产卵繁育后代。它们的生殖孔和排泄孔为同一个，所以被称为"单孔目"动物。鸭嘴兽的五根趾上都有尖爪，趾间有蹼，在水中时可以像扇子一样打开，上岸时蹼则收缩起来，用短小有力的四肢爬行。

鸭嘴兽是冷血动物？ 鸭嘴兽喜欢待在水里，能够在较冷的水域中保持体温，冬季会冬眠。尽管鸭嘴兽摸起来总是冰冰凉的，但它们并不是绝对意义上的冷血动物。虽然是哺乳动物，但是鸭嘴兽缺乏完善的体温调节能力，它们的体温会随着外界环境的变化而变化，一般在26℃至35℃之间，所以只能在一定程度上保持恒定。通常来说，在环境温度处于0℃至35℃时，鸭嘴兽能够调节自身体温，当环境温度超出这个范围时它们就无法存活了。

鸭嘴兽可以闭着眼睛捕食？ 鸭嘴兽生活在河边，喜欢吃蟹、螺、贝、蚯蚓等甲壳类或软体动物。为了捕食，它们必须闭着眼睛潜入水中，最长可在水下待40秒，然后游到水面上呼吸十几秒再潜下去。闭着眼睛的鸭嘴兽是如何在这么短的时间内捕食的呢？原来，水下的潜在猎物在活动时，由于肌肉收缩会放射出电脉冲，形成微弱的电场。当鸭嘴兽潜入水中时，耳孔和眼睛上的肌肉褶皱会闭合，防止水进入。鸭嘴兽

依靠嘴部丰富的神经末梢来感应电场并定位猎物，而遇到泥沙时，嘴还可以用作铲子。鸭嘴兽每次捕食物都把食物藏在颊囊内，带到巢内再慢慢品尝。成年鸭嘴兽并没有牙齿，它们会通过牙床上不断生长的角质板来咀嚼。

鸭嘴兽是如何繁育的？ 除了哺乳交配时期，鸭嘴兽总是独来独往。澳大利亚的初夏时节，雌兽和雄兽会在水下进行交配。大约半个月后，雌兽会产下1—3枚和鹌鹑蛋差不多大小的白色的卵，卵壳十分柔软。雌兽负责孵化和哺育幼兽。鸭嘴兽妈妈会事先把窝加大加深，铺上柔软的草和树叶。大约10天后，鸭嘴兽宝宝破壳而出，浑身光秃秃的没有毛，眼睛也看不见。鸭嘴兽妈妈虽然有乳汁但没有乳头，鸭嘴兽宝宝便趴在妈妈的腹部舔食乳汁，直到长到三四个月才会断奶。其间，鸭嘴兽妈妈也会离开巢穴出去短暂觅食。鸭嘴兽的巢穴有两个出口，一个在岸边，另一个在水下，每次出去鸭嘴兽妈妈都会将出口掩盖好，以保护鸭嘴兽宝宝。

鸭嘴兽有毒？ 鸭嘴兽是现存极少数有毒的哺乳动物之一。鸭嘴兽的前后爪十分尖锐有力，可以用来挖洞。特别是在鸭嘴兽的后足背面长有一根尖刺，不过只有雄兽的尖刺有毒，因为它与能够分泌毒液的腺体相连。据研究，雄兽在繁殖季会大量分泌毒液，因此这些毒液是雄兽之间为了争夺配偶打斗时用的。雄兽会在水下纠缠打斗，然后将对方毒晕。不过在遇到危险时，这些毒液也会用于自我防卫。鸭嘴兽的毒液成分复杂且毒性强，足以使小型动物丧命，人要是被蜇一下，也得疼上好几周。

鸭嘴兽面临哪些威胁？ 在澳大利亚发现的距今2 500万年前的鸭嘴兽化石表明，这类古老的生物在经历了千万年后形态几乎没有发生变化，在大洋洲生存繁衍至今。然而鸭嘴兽却因为人类造访大洋洲导致数量明显减少。起初，由于人类觊觎鸭嘴兽厚实保暖的皮毛而大量猎杀它们。近些年，随着环境破坏以及极端天气频发，导致水资源越来越少，可供鸭嘴兽生存的地方越来越少，它们的数量又一次骤减。澳大利亚东海岸40%的栖息地已经难觅鸭嘴兽的踪影。2008年，鸭嘴兽被世界自然物种保护联盟（IUCN）列为"近危"物种。有科学家预计，如果不及时保护，再过几十年鸭嘴兽很有可能会走向灭绝的深渊。

判断对错

1. 鸭嘴兽的体温是恒定不变的。
2. 鸭嘴兽的嘴巴像鸭子一样扁平坚硬。
3. 鸭嘴兽会分泌毒液。
4. 鸭嘴兽能够感应水下生物发出的微弱电场。
5. 鸭嘴兽和大多数哺乳动物一样是胎生的。
6. 鸭嘴兽是雌雄轮流哺育幼崽的。

答案：1.× 2.× 3.√ 4.√ 5.× 6.×

生蛋的"刺猬"——针鼹

明星名片

针鼹（科名：Tachyglossidae），广义的针鼹指现存针鼹科的所有物种。针鼹与鸭嘴兽一样都是单孔目动物。针鼹科分为针鼹属和原针鼹属，总计两属四种。其中的澳洲针鼹（*Tachyglossus aculeatus*）也被称为短吻针鼹，即狭义上的针鼹，是针鼹属中唯一的现存物种。澳洲针鼹主要生活在澳大利亚以及新几内亚岛的东南部。澳洲针鼹体长40—60厘米，体重为3—6千克，其外形一眼看去就像一只大刺猬。针鼹科现存种类中的其他三种属于原针鼹属（*Zaglossus*），它们都是新几内亚岛的"原住民"，因人类的猎杀而变得数量稀少。澳洲针鼹多以蚂蚁及白蚁为食，而原针鼹属的成员则吃蚯蚓或昆虫。它们都有着细长的口鼻部，同时拥有口和鼻的功能，但没有牙齿。它们会扒开软木或蚁丘等，用长长的黏性舌头来捕食。

Echidna

界：动物界 Animalia
门：脊索动物门 Chordata
纲：哺乳纲 Mammalia
目：单孔目 Monotremata
科：针鼹科 Tachyglossidae
属：针鼹属 *Tachyglossus*
　　原针鼹属 *Zaglossus*

针鼹为什么又被称为"刺食蚁兽"? 与其他喜食蚁类的兽类一样,针鼹的食谱上列在首位的就是蚂蚁和白蚁。针鼹和真正的食蚁兽一样,嘴内隐藏有一条灵活的长舌,伸缩自如且富有黏液,这让它们在捕食时就如探囊取物般轻松。蚁巢中的蚂蚁被针鼹那长长的舌头一卷就成了它们口中的美食。一只针鼹一天就可以捕食数万只蚂蚁或白蚁。与其他喜食蚂蚁或白蚁的兽类不同,针鼹全身有着很多的针刺,整个身体的背部就被针刺所覆盖,就连体侧都有针刺,因而也会被称为"刺食蚁兽"。需要说明的是,针鼹身体上的针刺是特化了的毛发,除去针刺之外,它们全身还长有柔软的短毛,全身被毛也是哺乳动物的基本特点之一。

针鼹生活在什么样的环境中? 针鼹科现存的两属四种均生活在澳大利亚及新几内亚岛。其中,澳洲针鼹分布最广也最常见,它们几乎遍布澳大利亚大陆,塔斯马尼亚岛以及新几内亚岛的中部和南部地区也有分布。而长吻针鼹等原针鼹属的物种则仅分布于新几内亚岛。针鼹的食物来源是草原、丘陵、沙漠、山地中的蚁类等,为适应食蚁生活,它们多栖息于多石、多沙和多灌木丛的区域,住在岩石缝隙和自掘的洞穴中。其中澳洲针鼹的栖息地相对多样,在森林、农田和城郊等地也能看到它们的身影。

针鼹是怎样觅食的？ 针鼹一般白天活动，一天中大约要花18个小时觅食。针鼹的嗅觉灵敏，它们用鼻子探测和寻找蚁巢或者蚯蚓及其他昆虫等。它们的四肢末端有强大的钩爪，极善于挖掘，也能够很快将蚁穴挖开。蚁巢被挖开后，针鼹就用它们长长的带有黏液的舌头卷食蚂蚁与白蚁，那些四散奔逃的蚂蚁或者白蚁只要触碰到它们的舌头便再也无法逃脱。

针鼹怎样躲避捕食？ 针鼹背上和身体侧面的针刺是它们最有效的防御武器。针鼹都是"飞镖高手"，它们身体上的那些短而锋利的针刺都带有倒钩，遇到危险脱落时能对捕食者造成伤害，而且脱落后会再生。除此之外，针鼹那短而有力的利爪可以帮助它们快速掘土。受到威胁时，它们也会将身体蜷缩起来，或者以惊人的速度掘土为穴将自己埋藏其中。

针鼹是兽,它们产仔还是孵蛋? 作为和鸭嘴兽互为"堂兄弟"的针鼹,它们两者之间最大的共同点就是以产卵的方式繁殖后代。不过针鼹妈妈产的蛋很特殊,具有皮革质地的蛋壳,小而软。针鼹妈妈一般在完成交配后的22天左右产下一枚只有几克重的小小的软皮蛋。针鼹妈妈会把蛋放入自己腹部由皮肤褶皱而形成的特殊袋囊中慢慢孵化。这个袋囊是针鼹妈妈怀孕时在它们的腹部慢慢长成的,这就是它们的育儿袋。

针鼹宝宝如何长大? 针鼹妈妈产下蛋大约10天后,小小的针鼹宝宝就会破壳而出,开始在妈妈的育儿袋囊中舔食母乳。作为相对原始的兽类,针鼹和鸭嘴兽一样,有乳腺但是没有乳头,针鼹妈妈的育儿袋中有块区域专门分泌乳汁,针鼹宝宝靠舔食妈妈分泌的母乳长大。大约7—8周后,针鼹宝宝的身上会长出针刺,开始扎疼妈妈。这时候的针鼹妈妈会感到不适,它们会开始挖掘洞穴,将长刺的宝宝从自己的袋囊中放出来,安置在洞穴中继续哺育,直到针鼹宝宝断奶。约7个月大时针鼹宝宝便会断奶,断奶之后的针鼹宝宝还会和妈妈一起生活到约1岁。之后,小针鼹便会离开妈妈开始独立生活。交配季节来临之时,10来只乃至数十只雄性针鼹会聚集到一处,让雌性挑选自己的心仪对象。此外,针鼹还有冬眠的习性,它们的寿命一般能够达到50岁。

判断对错

1. 针鼹就是食蚁兽,只以蚂蚁为食。
2. 针鼹都生活在茂密的丛林中。
3. 针鼹会将身体蜷缩起来躲避敌害。
4. 针鼹妈妈会下蛋。
5. 刚刚出壳的针鼹宝宝靠喝奶长大。

答案:1.× 2.× 3.√ 4.√ 5.√

走近大洋洲动物

桉树上的"钉子户"——树袋熊

AR魔法图片

明星名片

树袋熊（学名：*Phascolarctos cinereus*），也被称为无尾熊、树熊、考拉，是澳大利亚的国宝。它那著名的英文名Koala其实来源于原住民语言，意思是"不喝水"。因为树袋熊能从它们取食的桉树叶中获得身体所需90%的水分，因此它们只在生病和干旱的时候才直接喝水。虽然树袋熊的长相酷似小熊，但它可不是熊，而且与熊相差甚远。熊属于有胎盘类哺乳动物中的食肉目，而树袋熊却属于有袋类哺乳动物中的有袋目。它们平均每天有20个小时处于睡眠状态，性情温顺，体态憨厚。树袋熊身体长70—80厘米，成年雄性树袋熊体重为8—14千克，而雌性则为6—11千克。树袋熊有一身又厚又软的浓密灰褐色短毛，胸部、腹部、四肢内侧和内耳皮毛呈灰白色。成年雄性树袋熊白色胸部中央有一块特别醒目的棕色香腺。分布在澳大利亚南部的树袋熊种群为了适应较寒冷的生长环境，还拥有更大的体重和更厚的皮毛。

Koala

界：动物界 Animalia
门：脊索动物门 Chordata
纲：哺乳纲 Mammalia
目：双门齿目 Diprotodontia
科：树袋熊科 Phascolarctidae
属：树袋熊属 *Phascolarctos*

树袋熊有哪些有趣的特征？

树袋熊肌肉发达，四肢强壮，适于在树枝间攀爬并支撑自身的体重。它们的前肢与腿几乎等长，攀爬力量主要来自发达的大腿肌肉。树袋熊粗糙的掌垫和趾垫可以帮助它们紧紧抱住树枝。树袋熊的前掌有5个手指，其中2个手指与其他3个手指相对，就像人类的拇指，因而可与其他手指对握，这使树袋熊可以更牢固地抓握物体。它们的脚掌除大脚趾没有长爪外，其他趾均长有尖锐的长爪，且第二趾与第三趾相连。树袋熊生有一对长着茸毛的大耳朵和裸露而扁平的鼻子。树袋熊没有尾巴，它们的尾巴经过漫长的岁月已经退化成了一个"座垫"，再加上它们的臀部皮毛厚而密，所以能长时间地坐在树上，平衡感极强。树袋熊尖利的长门齿负责夹住桉树叶，而臼齿则负责剪切并磨碎。门齿与臼齿之间的缝隙地带可以让树袋熊的舌头高效地在嘴里搅拌混合食物。

树袋熊的生活离不开桉树？

树袋熊喜夜行，白天通常将身子蜷作一团栖息在桉树上，到了在夜间及晨昏时才活动，这样便能减少水分与能量消耗。在觅食时，它们会在桉树上爬来爬去，寻找桉叶充饥。树袋熊一生的大部分时间生活在桉树上，但偶尔也会为了更换栖息树木或吞食帮助消化的砾石而下到地面。桉树叶和嫩枝是它们唯一的食物。因为能够从桉树叶中得到足够的水分，所以它们几乎从不下地饮水。不过，桉树其实是有毒的植物，但树袋熊的肝脏十分奇特，能分解桉树叶中的有毒物质。由于树袋熊会在树基部留下自己小球状的排泄物，所以它们一眼就能看出某棵桉树是否属于自己。此外，树袋熊也是世界上最能

走近大洋洲动物

睡的动物，每天在树上的睡眠时间可以长达20个小时，即便在清醒的时候，它们的大部分时间除了吃东西，似乎就是在"发呆"。

树袋熊育儿有什么独门秘籍？ 树袋熊的繁殖季节为当年8月至次年2月，在此期间，雄性树袋熊的活动会变得旺盛，并更频繁地发出吼叫声。雌性树袋熊一般3—4岁时开始繁殖，它们产下树袋熊宝宝后会将其置于位于腹部且开口朝下的育儿袋中哺育，通常一年仅繁殖一只树袋熊宝宝。当产下的树袋熊宝宝达到22—30周龄时，除了母乳，树袋熊妈妈还会从盲肠中排出一种半流质的软质食物让树袋熊宝宝采食。这种食物非常柔软，易于小树袋熊采食，而且营养丰富，含有较多水分和微生物，易于消化和吸收。这种食物将伴随着树袋熊宝宝度过从母乳到采食

桉树叶这段重要的过渡时期，直到树袋熊宝宝可以完全采食桉树叶为止。这个过程就像人类婴孩在吃固体食物之前会吃一段时间的粥状的半流质食物一样。树袋熊宝宝会在育儿袋中取食母乳直至1岁左右。随着小树袋熊的身体越来越大，逐渐不能将头部伸进育儿袋中，树袋熊妈妈的乳头便会逐渐伸长并突出于开放的袋口，供小树袋熊取食。此后，再经过6个月，小树袋熊就会开始采食新鲜的桉树叶，并爬到树袋熊妈妈的背部生活。

树袋熊现在的生存状况还好吗？ 随着人类一步一步扩张自己的家园，树袋熊的栖息地和活动范围逐渐缩小，以至于有些树袋熊已经走进了人类生活的范围。由于树袋熊对食物很挑剔，桉树也不受法律保护，人类其实一直都在持续侵占树袋熊的栖息地，再加上人为捕杀、环境污染、气候变化和森林大火等各种因素，树袋熊的野外种群数量正在逐年下降。

判断对错

1. 树袋熊大多白天进行觅食。
2. 树袋熊不喝水，所以它的身体不需要水分。
3. 雌性树袋熊会从盲肠中排出一种半流质的软质食物让小树袋熊采食。
4. 树袋熊可以分解桉树的有毒物质。
5. 树袋熊已经受到保护，所以它们可以"高枕无忧"了。

答案：1.× 2.× 3.√ 4.√ 5.×

走近大洋洲动物

大嘴"恶魔"——袋獾

AR魔法图片

明星名片

袋獾（学名：*Sarcophilus harrisii*），也被称作"塔斯马尼亚恶魔"（Tasmanian Devil）、"大嘴怪"，是目前世界上最大的有袋类食肉动物，仅分布于澳大利亚的塔斯马尼亚岛。袋獾是袋獾属中唯一未灭绝的成员。雄性袋獾平均身长为65厘米，平均体重为8千克；雌性平均身长则为57厘米，平均体重为6千克。不同于袋鼠、袋熊等其他有袋类动物，袋獾前足比后足稍长，奔跑的速度可达13千米/时。从个体大小而言，袋獾的咬合力十分惊人，这使得它们能够捕食多种猎物，但它们更喜欢"不劳而获"，吃腐肉的时候更多。除了肉和内脏，袋獾甚至会吃掉猎物的毛皮和骨头。

Tasmanian Devil

界：动物界 Animalia
门：脊索动物门 Chordata
纲：哺乳纲 Mammalia
目：袋鼬目 Dasyuromorphia
科：袋鼬科 Dasyuridae
属：袋獾属 *Sarcophilus*

袋獾为什么被称为"塔斯马尼亚恶魔"？ 袋獾生性好斗，经常为了食物、求偶互相争斗，有时甚至平白无故地对同伴大打出手，这使得它们的面部、耳朵、臀部时常伤痕累累，给人一种凶狠残忍的印象。除此之外，袋獾在打斗时还会发出刺耳的叫声，加之常在夜间进行活动，声音更显尖锐恐怖，不知情的人往往以为是某种巨兽发出的叫声，仿佛来自深渊的恶魔，令人惊恐。于是，袋獾便获得了"塔斯马尼亚恶魔"的称呼。

袋獾为什么又有"大嘴怪"的称号呢？ 袋獾一生之中只有一副慢慢长大的牙齿，这些牙齿既坚硬又尖锐，可以轻松咬碎动物的骨头。袋獾的下颌则能够张开到75°左右，与之相比，人类的下颌骨只能张开到30°左右。所以，袋獾时常会将自己锋利的牙齿全部展示出来，起到震慑、威胁敌人的效果，这也是它们获名"大嘴怪"的原因。事实上，袋獾的大嘴形象深受人们的喜爱，动画片《兔八哥》中Taz的原型就是一只袋獾，它有着锋利的牙齿和巨大的嘴巴，极度贪吃，几乎什么都吃，是一个滑稽而讨喜的角色。

袋獾有哪些特征? 袋獾的毛发呈黑色,但胸部和臀部往往带有小块白色的毛,尤其是胸部的白毛,通常呈V形,为它增添了一丝可爱。袋獾体形矮胖且粗壮,肌肉健硕,头宽而短,较大的头颅也为撕咬带来了更强大的杀伤力。袋獾的尾巴短而粗,通常用来贮存脂肪。袋獾在被激怒时也会放出臭气,其刺鼻程度可与著名的臭鼬比拟。袋獾的脸上和头顶有须,以便在黑暗中寻找猎物或侦测同类。袋獾的听觉及嗅觉灵敏,但视力相对欠佳。

袋獾为什么仅生活在塔斯马尼亚岛? 袋獾曾经遍布整个澳大利亚,但现在只能在塔斯马尼亚岛上找到它们。其中的原因主要有两个:一是人类进入澳大利亚大陆后,随之带来的家犬逐渐野化为澳洲野犬,它们很快成为澳大利亚大陆中的顶级猎食者。袋獾不仅会被澳洲野犬捕食,而且它们之间存在着激烈的生存竞争,袋獾的食物和生存空间愈发受到影响。而塔斯马尼亚岛与澳大利亚大陆之间有海洋阻隔,这里并没有澳洲野犬定居,所以残存在这里的袋獾也就幸免于难了。另一个原因则是人类对袋獾的围追堵杀。欧洲人来到澳大利亚后,认为袋獾会捕杀家畜,便对袋獾进行大规模猎杀,袋獾因此而濒临灭绝。1941年,关于保护袋獾的法律终于在澳大利亚生效,它们的生存重获希望。2020年10月,26只成年袋獾重新被带回澳大利亚大陆进行野放,这是它们在时隔300年后重归故土。

袋獾宝宝如何生存? 袋獾宝宝的生存竞争十分残酷,在繁殖季节雌袋獾会与多名雄性进行交配,总共进行3—4次排卵,所以到4月中旬,同一只雌袋獾会产下20多只拥有不同父亲的幼崽。袋獾习惯在空心的木头中或大石缝下生产,这里也是小袋獾们以后的家。刚出生的袋獾宝宝无论是大小还是重量都和豌豆差不多。由于孕期短,袋獾宝宝发育尚不完全，它们需要自己爬到妈妈的育儿袋中进行下一步发育，由于袋獾妈妈只有4个乳头，所以只有4个"幸运儿"能抢到奶吃，从而得以生存。袋獾宝宝会在育婴袋内迅速生长。5个月大时，它们才会慢慢断奶，开始尝试吃肉，但仍需要再经过1个月左右的时间才能彻底断奶。这时，它们已经能离开洞穴在附近玩耍，而袋獾妈妈为了保护小袋獾，无论到哪里都会将小家伙们背在背上。小袋獾必须用自己的前爪牢牢抓住妈妈的皮毛，一旦不慎掉下，无法独立生活的小袋獾便很有可能沦为其他动物的盘中餐。所以即使最开始有4只幼崽能够存活，最终能活到成年的袋獾平均每胎也只有两到三只。小袋獾长到六七个月时好奇心旺盛，而且因为体形小，身形灵活，是攀爬的专家，而成年后的袋獾则会丧失爬树的能力。每年4月出生的小袋獾要到次年1月才能独立生活，所以袋獾妈妈每年只有约6周的时间不需要把精力花在养育子女上。

判断对错

1. 袋獾像袋鼠一样，后足比前足长。
2. 袋獾的牙齿尖锐是因为它们会换牙。
3. 袋獾因好斗凶狠、叫声可怕而被称为"塔斯马尼亚恶魔"。
4. 如果一只袋獾的尾巴十分粗壮，则证明它身体健康。
5. 求偶期，一只雄袋獾只会与一只雌袋獾交配。

答案：1.× 2.× 3.√ 4.√ 5.×

火灾英雄——袋熊

AR魔法图片

明星名片

袋熊（科名：Phascolomidae），是袋熊科两属三种动物的统称，包括昆士兰毛鼻袋熊（*Lasiorhinus latifrons*）、南澳毛鼻袋熊（*Lasiorhinus krefftii*）和塔斯马尼亚袋熊（*Vombatus ursinus*）。袋熊体格粗壮，尾极短，外表似小型的熊类，但作为有袋类的它们食草，善于挖掘，会在地下挖复杂的深洞居住，习性更接近啮齿类动物。袋熊的体重可达35千克，头骨略扁平，鼻面部相对较短，身长约1米，体形较树袋熊更短粗。袋熊主要分布在澳大利亚的东部、南部及塔斯马尼亚岛，它们喜爱生活在澳大利亚温带地区的开放森林、丘陵及海岸附近，栖息地最高可达海拔1 800米左右。

Phascolomidae

界：动物界 Animalia
门：脊索动物门 Chordata
纲：哺乳纲 Mammalia
目：双门齿目 Diprotodonta
科：袋熊科 Tarsipedidae
属：袋熊属 *Vombatus*

袋熊家族都有哪些成员？ 袋熊科包括两属三种，分别是袋熊属的塔斯马尼亚袋熊，毛鼻袋熊属的南澳毛鼻袋熊和昆士兰毛鼻袋熊。塔斯马尼亚袋熊是三种袋熊中体形最大的，主要分布于澳大利亚的东南部。南澳毛鼻袋熊的体形处于中间，栖息于半干旱、干旱草原和林地。三种袋熊中体形最小的是昆士兰毛鼻袋熊，如今已经濒临灭绝，仅分布于澳大利亚东北部一个国家公园中的3平方千米范围内，是世界上最稀有的哺乳动物之一，被世界自然物种保护联盟（IUCN）列为"极危"物种。

袋熊通常在什么时间"出行"？ 袋熊通常昼伏夜出，习惯在夜间"出行"。这些聪明的小动物喜欢天黑后出来觅食或修建它们的"豪宅"。它们会不断扩大自己的洞穴，挖掘新的隧道、入口或出口。它们大多数时候都待在自己的地下家园过日子。当然，有些时候它们也会出来晒晒太阳、取取暖，在天气寒冷的时候更是如此。

袋熊"口袋"的袋口朝哪个方向？ 和袋鼠一样，袋熊也有个"口袋"，不同的是，其袋口不是朝向前面，而是朝向后面！据说这可以保护袋中的袋熊宝宝在妈妈挖地时不被泥土溅到。袋熊宝宝出生时超级小，所以"口袋"是它们最安全的家，能让它们长大并准备好迎接这个世界。袋熊在繁殖上的适应性很强，雌袋熊在袋囊中有了幼仔以后仍可交配受孕，但受精卵发育到100个细胞阶段就停止发育，如果袋囊中的幼仔夭折，胚胎将继续发育，几周后第二个幼仔便会降生。

袋熊的粪便是立方体的吗？ 是的，袋熊是世界上唯一能排出方形粪便的动物。袋熊的肠子有一种奇怪的能力——它们能把粪便塑造成有棱角的立方体。袋熊经常用它们的粪便来标记领地，因此科学家们认为，这种特殊的形状是为了阻止粪便滚走，以确保自己的气味信号留在原地。袋熊的粪便是哺乳动物中最干的，这是因为它们的消化过程很长，需要14—18天。因此，这个漫长的过程允许袋熊从食物中尽可能多地吸收营养成分。此外，它们的肠壁也参与了粪便的运输过程。当粪便在肠中缓慢移动时，肠壁的伸展并不均匀，最终导致粪便呈立方体。

袋熊是怎样保护自己的？ 袋熊通常行动缓慢，但遇到危险时，其逃跑的速度可以达到40千米/时，并能持续90秒，这足以从大多数掠食者面前全身而退。袋熊会保护以其巢穴为中心的领地，对入侵者存有攻击性。萌萌的袋熊可不是好惹的，危急时刻可爆发出强大的反击能力。它们的洞穴入口通常仅允许一只个体进入，当受到地下掠食者的攻击时，它们可以破坏地底隧道，令进入的掠食者窒息。它们甚至还会用强壮的屁股抵御敌人。袋熊的尾部覆盖着厚厚的硬皮，可以将敌人"拒之洞外"。它们主要的防御工具就是身体后部以软骨组成的结构，它们那不易被抓到的小小尾巴也可以帮助它们在防御之后更迅速地逃离。

为什么称袋熊为"火灾英雄"？ 袋熊的洞穴巨大，这些地下家园甚至包含了长达200米的隧道。而且这些洞穴不仅仅是袋熊的家，也可以成为其他小型哺乳动物的重要庇护所。在丛林大火中，保持凉爽的隧道能够为其他小动物提供保护，使它们免受火灾的侵害。2021年澳大利亚发生森林大火灾，大约有10亿只动物丧生。而袋熊挖掘的地下"豪宅"成了众多动物的避难所。通常袋熊都不会"邀请"其他小动物到它们的洞穴做客，而在这次森林大火中，人们发现袋熊与小型的袋鼠、树袋熊等其他野生动物一起在"家"里躲避火灾，有些小动物还在袋熊"家"吃了顿饭。正是因为袋熊的洞穴让不少动物幸免于难，袋熊才被称为"火灾英雄"。

判断对错

1. 南澳毛鼻袋熊濒临灭绝。
2. 袋熊从来不在白天"出行"。
3. 袋熊"口袋"的袋口是朝向后面的。
4. 雌袋熊一旦在袋囊中有了幼仔后，就不能交配受孕了。
5. 袋熊的粪便呈立方体的。

答案：1.× 2.× 3.√ 4.× 5.√

走近大洋洲动物

拳击高手——赤大袋鼠

AR魔法图片

明星名片

赤大袋鼠（学名：*Macropus rufus*），又名红袋鼠、红大袋鼠或大赤袋鼠，是袋鼠家族中体形最大，也是澳大利亚最大的哺乳动物和现存最大的有袋类动物。赤大袋鼠头小，眼睛大而圆，视野范围很广，能看到周围的环境变化，耳朵尖长，嘴部呈正方形，前肢短小而瘦弱，后肢粗壮而有力，另外还长有一条长长的尾巴。赤大袋鼠只会跳跃行进，它们能跳到3米高、9米远，当它们前后肢配合奔跳前行时，速度可达60千米/时。雄性赤大袋鼠上身长有红棕色的短毛，雌性毛色偏灰，体形也较雄性小一些，并长有育儿袋。它们主要分布于澳大利亚中部。通常情况下，赤大袋鼠结成小群体生活，但如果食物不足时，它们也会"抱团取暖"，聚集成一群。白天它们多会睡觉或以其他方式休息，而到了夜晚便开始活蹦乱跳地在没有树木和灌木丛的开阔平原栖息觅食，草和其他植被是它们的最爱。在澳大利亚的国徽和钱币上，都能看到赤大袋鼠的形象。

Red Kangaroo

界：动物界 Animalia
门：脊索动物门 Chordata
纲：哺乳纲 Mammalia
目：双门齿目 Diprotodontia
科：袋鼠科 Macropodidae
属：大袋鼠属 *Macropus*

如何区分赤大袋鼠的性别? 区分不同性别的赤大袋鼠并非难事,仔细观察它们的外观即可。一看体形,赤大袋鼠站立时高约1.5米,其中看上去更强壮的是雄性,雄性赤大袋鼠身长1.4米,体重可达85千克,雌性赤大袋鼠身长0.9—1米。二看毛色,雄性赤大袋鼠正如其名,身披红棕色的短毛,腹部和四肢等处的毛呈黄褐色。而雌性赤大袋鼠的毛则呈蓝灰色,下身为淡灰色。但是在某些特别干旱的环境下,雌性赤大袋鼠的毛色也会和雄性接近,这时该怎么区分它们的性别呢?这就要看谁的肚子前面有育儿袋,长有育儿袋的就是雌性了。

赤大袋鼠妈妈有哪些育儿经? 雌性有袋类动物没有发育完全的胎盘,生下的宝宝其实都属于早产儿,它们需要待在母体的育儿袋里通过哺乳长大。雌性赤大袋鼠怀孕4周左右就会生下幼崽,每胎只生这一个宝宝。在迎接幼崽来临前,赤大袋鼠妈妈会把育儿袋清理干净,并会用舌头在从尾根到育儿袋之间的肚皮上舔湿一条通道。赤大袋鼠的幼崽非常小,平均只有2.5厘米长、几克重,身上也没有毛,四肢短小。这个花生大小的赤大袋鼠幼崽根本顾不上打量这个世界,头等大事就是顺着妈妈为其准备的通道爬进育儿袋,紧紧含住一个乳头,乳头会随之迅速膨胀,紧紧塞满幼崽的口腔,幼崽就这样悬挂在乳头上慢慢长大。如果没法在5分钟左右的时间里完成这些动作,那幼崽可能就会一命呜呼。不过,此时的幼崽还未掌握吸吮乳汁的本领,主要还是依靠妈妈乳房自动收缩将乳汁送到幼崽口中。大约3个月后,宝宝开始可以听见外面的声音,外形也有点赤大袋鼠样儿了。7—10个月后,幼崽就可以彻底地

离开育儿袋了。不过妈妈仍然会继续母乳喂养它到1周岁,赤大袋鼠大约需要1.5—2年时间才能成年。此外,雌性赤大袋鼠还拥有神奇的胚胎滞育能力,即会优先将还在育儿袋里嗷嗷待哺的宝宝养育到可以完全离开育儿袋生活后,再让自己子宫里的胚胎开始发育。所以赤大袋鼠妈妈常常育儿袋外养着老大,育儿袋里养着老二,子宫里还有一个暂时处于休眠状态的老三。

赤大袋鼠为何会有"拳击高手"这一称号? 虽然赤大袋鼠是素食主义者,可它浑身长满肌肉,前肢有细小的爪,后肢粗壮非常发达,弹跳力惊人,长达1米的大尾巴更是在其站立、跳跃时起到平衡的作用,在打斗时起到支撑的作用。在追求心仪的雌性赤大袋鼠的过程中,如果遇到了"情敌",雄性赤大袋鼠之间就会进行一场打斗。它们会用后肢站立,用前肢猛力"出拳"将对方推倒。一旦发生僵持,当用短短的前肢无法分出胜负时,它们就会改成用尾巴支撑身体,使用非常有力的后肢猛踢对方以取得打斗的胜利。战斗力十足的赤大袋鼠被冠以"拳击高手"可谓实至名归。当然,除了争夺配偶,在遇到其他危险时,赤大袋鼠也会积极应战。

赤大袋鼠如何度过干旱时节？ 面对食物匮乏、水源短缺的干旱时节，赤大袋鼠自有一套独特的解暑降温法，能够保证自己的体温维持在36℃左右。一是它们天生拥有特别的肾脏，赤大袋鼠的尿液中的尿素和盐含量非常高，甚至是一般哺乳动物的2—4倍，也就是说在排出同等量尿液时，赤大袋鼠可以最大限度地降低水分的流失。二是依靠一身短毛，鲜亮的皮毛可以反射外界30%的热量。三是结束觅食后，它们便会在树荫下休息，同时还不忘舔前肢的短爪，用唾液的蒸发带走热量。

赤大袋鼠为何被刻入澳大利亚的国徽？ 提到赤大袋鼠，人们也会很快联想到澳大利亚。赤大袋鼠是澳大利亚特有的物种，其只会向前跳、不会倒着走的特点，象征着只会不断前进、永不退缩的精神。因此，赤大袋鼠的形象被广泛使用在澳大利亚著名企业和组织的标识、商标上，甚至被刻入国徽和钱币。

判断对错

1. 赤大袋鼠是体形最大的有袋类动物。
2. 赤大袋鼠妈妈每胎生2只幼崽。
3. 赤大袋鼠的育儿袋只有装饰作用。
4. 因为捕食小动物，所以赤大袋鼠才能长出这么强壮的肌肉。
5. 赤大袋鼠不能适应干旱环境。

答案：1.√ 2.× 3.× 4.× 5.×

走近大洋洲动物

澳大利亚顶级掠食者——澳洲野犬

AR魔法图片

明星名片

澳洲野犬（学名：*Canis lupus dingo*），是澳大利亚特有的动物，不过它们的特别之处在于澳洲野犬并不是澳大利亚的原生物种，而是人类迁移至澳大利亚时携带过去的。它们的外表和中国的"大黄狗"有点像，头部相对宽阔，耳朵直立，身长117—145厘米，站立时高度超过60厘米，体重达13—23千克。澳洲野犬的"标准"毛色是身体呈姜黄色、脚呈白色，不过这也取决于它们的居住地。在沙漠地区，澳洲野犬的毛皮呈金黄色；而在森林地区，它们的毛皮则会呈深棕褐色或黑色。澳洲野犬是群居动物，实行"一夫一妻制"，在每年的5—8月繁殖，一个家庭通常会有4—5只宝宝出生。澳洲野犬采用一种社会合作机制的抚养模式，除了父母，族群中的其他澳洲野犬也会帮助一起抚养幼崽。

Dingo

界：动物界 Animalia
门：脊索动物门 Chordata
纲：哺乳纲 Mammalia
目：食肉目 Carnivora
科：犬科 Canidae
属：犬属 *Canis*

澳大利亚顶级掠食者——澳洲野犬

让科学家头疼的问题：澳洲野犬是狗还是狼？ 要是你给别人看一张澳洲野犬的照片，他们十有八九会问这是什么狗，或是这狼的毛色怎么怪怪的。这不能算是大家寡闻少见，因为就连科学家也不能确定它们究竟属于哪一类物种。自18世纪后期以来，澳洲野犬的分类一直存在争议。一部分科学家认为，它们是以前生活在东南亚的早期家犬的后代，在史前时期被人类带到澳大利亚，另一部分科学家认为它们是从亚洲狼演化而成的一个亚种，还有一部分人坚持把澳洲野犬当作一个独立物种，指出澳洲野犬、家犬、狼三者全部源自同一遥远祖先的表亲。无论哪一种观点，都不能否认澳洲野犬已经在澳大利亚许多生态系统中发挥着重要的作用，它们是"野性"澳大利亚的标志和象征。

"异乡人"澳洲野犬是怎么来到澳大利亚的？ 距今约5万年前，原住民抵达了澳大利亚，但那时候，这片大陆并没有狗。也就是说虽然现在澳洲野犬生活在这片土地上，但它们属于漂泊而来的"异乡人"。通过基因测序和对比，科学家认为澳洲野犬的祖先大约是距今9 900年前从中国南方出发，于距今大约8 300年前到达澳大利亚的。它们很可能是伴随着当时亚洲地区的渔民来到这里的，之后却脱离了人类进入自然环境中，并逐渐重新野化成了"野狗"。它们在野外生活、繁殖，经历了数千年的自然选择，并与其他犬科动物相隔离。1788年，第一批抵达澳大利亚的英国人在杰克逊港建立了定居点，它们注意到与澳大利亚原住民一起生活的"野狗"。Dingo这个名字，其实就来自澳大利亚悉尼地区的原住民所使用的达鲁格语。

澳洲野犬现在住在哪里？ 到达澳大利亚北部后，澳洲野犬便迅速融入了当地生态，甚至挤走了当时澳大利亚的顶级捕猎者——现在已经灭绝的袋狼。由于食物的竞争，当时遍布整个澳大利亚大陆的袋狼被逼退到了塔斯马尼亚岛苟延残喘，而塔斯马尼亚岛也是唯一没有澳洲野犬的地方。在欧洲人到来之前，澳洲野犬似乎既在野外独立生活，又与原住民密切接触，文献中记载了许多关于原住民妇女和儿童使用澳洲野犬帮助其捕捉中小型动物的情景。澳洲野犬生活在各种各样的栖息地，包括澳大利亚东部的温带地区、东部高地的高山荒地、澳大利亚中部的干旱炎热沙漠以及澳大利亚北部的热带森林和湿地。这些栖息地的占领和适应可能得益于它们与澳大利亚原住民的关系。而随着18世纪欧洲殖民化和畜牧业的发展，人们齐心协力将澳洲野犬从农业区赶走。现今，在澳大利亚所有的澳洲野犬群落里，都存在着澳洲野犬与家犬杂交的现象。别说找到一个没有现代家犬血统的澳洲野犬群了，就连一只"纯种"的澳洲野犬都难觅。

澳洲野犬是如何社交的？ 澳洲野犬通过嚎叫来进行交流，这种嚎叫通常分为三种：长而持久的、逐渐增强或减弱的、短促而突然的。澳洲野犬嚎叫的频率会随季节和一天中的时间发生变化，并且受到繁殖、迁徙、哺乳、社会稳定和传播行为的影响，似乎还具有群体功能。总体而言，在澳洲野犬中观察到嚎叫的频率低于狼。在荒野中，澳洲野犬通过嚎叫来吸引、寻找其他成员，或者警告入侵者。除了声音交流之外，

澳洲野犬和所有家犬一样，也会通过使用来自尿液、粪便和气味腺的化学信号来标记特定物体。

澳洲野犬靠什么填饱肚子？ 澳洲野犬在澳大利亚没有天敌，是顶级掠食者，处于食物链的制高点。作为捕食者，其他哺乳动物是它们的主要食物，如袋鼠、袋熊乃至是同样外来的兔子。当野外食物稀缺时，它们也会猎杀家畜和农场的牲畜，这使得它们在牧民中非常不受欢迎。当然，澳洲野犬也是机会主义者，它们会吃掉能找到的任何食物，包括爬行动物、昆虫和鸟类，甚至会到垃圾场和人类营地、码头寻找人类丢弃的食物。它们通常在夜间觅食，每晚的活动距离可达60千米。在狩猎小型动物时，澳洲野犬往往单独行动，但在狩猎更大猎物时则会集群出击。

判断对错

1. 澳洲野犬是澳大利亚的本土物种。
2. 澳洲野犬曾经与原住民的关系非同一般。
3. 在澳大利亚，澳洲野犬在野外没有天敌。
4. 兔子、袋鼠、小袋鼠和袋熊是澳洲野犬的主要食物。
5. 澳洲野犬不会嚎叫。

答案：1.× 2.√ 3.√ 4.√ 5.×

三眼"蜥蜴"——喙头蜥

明星名片

喙头蜥（学名：*Sphenodon punctatus*），虽然看起来与其他蜥蜴并无二致，但它们是三叠纪初期出现的喙头类残留下来的唯一代表，是爬行动物家族中的"活化石"。喙头蜥体长约70厘米，重达1千克。有两对发育良好的脚，从颈部向下至背部有鳞状脊。喙头蜥夜间活跃，栖于洞穴，以昆虫、其他小动物和鸟蛋为食，对较低的环境温度适应良好。春季在离洞穴一段距离处产8—15枚卵，到下一个春天才孵化。有些喙头蜥的寿命长达100年，极少部分雄性喙头蜥甚至可以活数百年。喙头蜥是喙头目唯一现存的动物，主要栖居于新西兰北部沿海的小岛。

Sphenodon

界：动物界 Animalia
门：脊索动物门 Chordata
纲：爬行纲 Repetilia
目：喙头目 Rhynchocephaliformes
科：喙头蜥科 Sphenodontidae
属：喙头蜥属 *Sphenodon*

喙头蜥是蜥蜴吗？ 与蜥蜴不同的是喙头蜥有第三眼睑（即瞬膜），能水平地闭合。而且，喙头蜥两个正常眼睛之间有一顶眼，有感光作用。刚出生的喙头蜥幼崽，顶眼甚至直接可见，4—6个月后才会被鳞片所覆盖。事实上，喙头蜥甚至与生活于1.5亿年前的侏罗纪的拟始蜥（Homeosaurus）差异不大。喙头蜥被认为是古老的孑遗物种，与真正的蜥蜴相差甚远。

喙头蜥长什么样？ 雄性喙头蜥较雌性大，形似大蜥蜴。它们通身呈橄榄棕色，背面被以颗粒状鳞片，每一鳞片中央为一黄色小点，背面和腹面皮褶处还有大鳞片，并且在背、尾脊部具有由较大的三角形鳞片构成的鬣。奇特的是，它们的上颚有两排牙齿，下颚有一排，闭合时下颚的牙齿正好位于上颚的两排牙齿之间。不过，它们的牙齿其实并不是真正的牙齿，而是颚骨的延长部分。它们的眼睛在白天和夜晚都能看见东西，并具有第三眼睑，这是它们区别于真正蜥蜴的主要特征。

走近大洋洲动物

喙头蜥有哪些生活习性？ 喙头蜥白天栖居洞穴内，夜晚爬出活动。在低温环境下比其他爬行动物更活跃。它们的体温可比环境温度低，保持在6.2℃至13.3℃之间。喙头蜥多栖居在海鸟筑成的地下洞穴中，大多数时间彼此和睦相处，但偶尔也会以这些海鸟的卵或雏鸟为食。不过喙头蜥的主要食物是昆虫或其他蠕虫和软体动物。但喙头蜥的猎食能力并不强，因为它们的体格不占优势，牙齿不算锋利，也没有毒。夏季时（赤道以南的夏季为当年11月至次年1月）它们会在远离所居洞穴的沙滩上的浅穴中产卵，每次产10枚左右，产毕将穴填平。喙头蜥的卵呈长条形，长径约28毫米，白色、硬壳。卵在沙穴中靠阳光孵化，至当年8月左右接近成熟时，会进入蛰伏状态，发育转慢，直到度过第二年夏天，也就是说喙头蜥的卵一般需经13个月才能孵出。

三眼"蜥蜴"——喙头蜥

为什么喙头蜥被称为"活化石"? 喙头蜥是新西兰标志性的陆生脊椎动物,从三叠纪到现在一直没怎么进化,被人们称为爬行动物中的"活化石"。大约在两亿年前,其他的四足动物开始演化成乌龟、蜥蜴、鳄鱼和恐龙,只有它们仍旧保持原样。这意味着当你凝视着一只喙头蜥时,你看到的是两亿年前古老生物的原样,所以喙头蜥又被称为"活化石"。

为什么喙头蜥濒临灭绝? 喙头蜥濒临灭绝的原因是多方面的。人类活动带来的影响(比如捕杀、环境的污染等)、自然环境的变迁(气候、温度、地质等方面的变化)都对喙头蜥的生存繁衍造成了很大的影响。另外,外来物种的引进则直接威胁到了喙头蜥在当地的生存,特别是外来的鼬科动物(如雪貂和白鼬),对于喙头蜥这种古老而原始的动物来说简直就是恶魔般的存在。这些鼬科动物主要捕食喙头蜥的蛋和幼崽,而繁殖速度缓慢的喙头蜥根本无法弥补这样的损失。

判断对错

1. 喙头蜥是蜥蜴。
2. 喙头蜥类的动物最早出现在三叠纪时期。
3. 喙头蜥的"第三只眼"与感光功能相关。
4. 喙头蜥主要分布在新西兰。
5. 喙头蜥的天敌是鼠科动物。

答案:1.× 2.√ 3.√ 4.√ 5.×

沙漠精灵——鬃狮蜥

明星名片

鬃狮蜥（学名：*Pogona vitticeps*），主要分布在澳大利亚东部的荒漠地带，是一种日行性、半树栖型蜥蜴。它们体形粗壮，最长可达55厘米，头部大且呈三角形，外耳孔明显，头部后面、颈部背面和喉部有大的棘刺状鳞片，身体侧面还有一列圆锥状棘刺突起。鬃狮蜥的体色主要为黄褐色或黄色，也有红褐色的个体，它们的背上还有两列不规则的深褐色斑纹。鬃狮蜥的适应性很强，常常出没在澳大利亚大陆那些炎热干旱的沙漠、旷野、灌丛、树林等环境中，以昆虫为代表的各种节肢动物是它们的主要食物。

Bearded Dragon Lizards

界：动物界 Animalia
门：脊索动物门 Chordata
纲：爬行纲 Repetilia
目：有鳞目 Squamata
科：飞蜥科 Agamidae
属：鬃狮蜥属 *Pogona*

鬃狮蜥为什么叫这个名字？ 鬃狮蜥的头后、颈背和喉部都有棘刺状的鳞片，当它们遇到天敌或其他危险时，常常会启动自我保护机制，通过鼓胀喉部的方式来吓走敌人。这时的鬃狮蜥就像长了一圈带刺的胡须，和雄狮的鬃毛形象的确有几分相像，所以才会有鬃狮蜥这个有趣的名字。而且，当它亮出自己的"胡须"时，常常还会张开嘴巴，展示嘴巴里鲜艳的色彩，从而进一步恫吓敌人。

鬃狮蜥还能细分成不同类型吗？ 在澳大利亚，野生的鬃狮蜥可以被划分为东部鬃狮蜥、西部鬃狮蜥、中部鬃狮蜥和北部鬃狮蜥等不同类型。其中的中部鬃狮蜥是全球广泛饲养的宠物鬃狮蜥的来源，只有很少数的东部鬃狮蜥被作为宠物来饲养。与人工繁育的鬃狮蜥相比，野生鬃狮蜥体形更小，身材更扁平，体色也更暗。人工饲养的鬃狮蜥有两类变种：一类肚子半透明，身体皮肤类似果冻状，常被称为果冻鬃狮；另一类身上的棘状鳞很少或几乎没有，和普通皮革类似，所以会被称为皮革鬃狮。

鬃狮蜥在野外如何生存？ 鬃狮蜥属于半树栖的动物，野生鬃狮蜥喜欢趴在折断的树枝或岩石上晒太阳，随着温度上升，鬃狮蜥可以借此提高自己的体温。鬃狮蜥最适合的环境温度为32℃左右。但当温度进一步升高时，鬃狮蜥也需要躲避。澳大利亚荒漠地区的地表温度最高可达60℃以上，这时的野生鬃狮蜥大多会选择躲进岩石裂缝等，它们身上的体色正好帮助它们与这些岩石融为一体。

鬃狮蜥做出鼓起腮帮子、点头、画圈的动作纯粹是在卖萌吗？ 这可不只是卖萌哦，会做出鼓起腮帮子动作的一般是雄性鬃狮蜥，当它们进入发情期并看见雌性鬃狮蜥，便会把腮帮子迅速鼓起，而且会频繁点头。鬃狮蜥点头时，它们的棘状鳞有时还会呈黑色并竖起。出现这种情况，通常是占据强势地位的鬃狮蜥在向弱势的一方示威，宣示主权。此外，鬃狮蜥还会做出一种辨识度颇高的行为——用前肢画圈。此时的鬃狮蜥会用三只脚支撑身体，一只前爪离地，在空中画圈。与鼓起腮帮子、点头动作的意义相反，画圈动作其实是典型的示弱行为，一般是对强势对手的回应。

鬃狮蜥还能性反转？ 鬃狮蜥是人们发现的第一种能够发生性反转的爬行动物。事实上，蜥蜴的染色体很特殊，雄性蜥蜴的染色体为ZZ，雌性为ZW，但研究人员发现染色体性别表现为ZZ的雄性却具有雌性的身体构造和功能，也就是我们看到的性反转现象。引起这种现象的原因是什么呢？答案是高温。根据相关实验，当孵化温度控制在

22℃至32℃时，孵化出的鬃狮蜥雄性和雌性数量基本一致，但当温度升至34℃以上时，孵化出的鬃狮蜥则大多是雌性，而且发生性反转的雌性鬃狮蜥不仅在体形上更大、更强壮，其下蛋的数量也近乎正常雌性的两倍。不过正是由于这项研究的发现，生物学家们也在担心，在当前全球变暖的趋势下，很有可能导致鬃狮蜥这样的物种雌雄比例严重失调，甚至走向灭绝。

鬃狮蜥会游泳吗？ 从整个蜥蜴家族来看，不同种类蜥蜴的生活环境不同，游泳能力其实跟它们的生活环境有关。鬃狮蜥需要高温干燥的生活环境，属于典型的沙漠型生物，沙漠中的水本来就较少，所以鬃狮蜥是不会游泳的，也不需要具备游泳的能力。但人工饲养的鬃狮蜥偶尔会在饲主的安排下"泡澡"，给鬃狮蜥泡澡有很多好处，比如促进血液循环、减少皮肤病发生的概率、促进排便、促进蜕皮等。

判断对错

1. 鬃狮蜥有雄狮一样的鬃毛。
2. 鬃狮蜥善于游泳。
3. 鬃狮蜥在野外完全不需要躲避阳光。
4. 当温度升高至40℃以上时孵化出的鬃狮蜥才可能发生性反转。
5. 鬃狮蜥前爪离地，在空中画圈是一种示弱的行为。

答案：1.× 2.× 3.√ 4.× 5.√

走近大洋洲动物

食人的鳄类——湾鳄

AR魔法图片

明星名片

湾鳄（学名：*Crocodylus porosus*），也被称为咸水鳄。成年雄性体长可达7米，重达600—1 000千克；成年雌性较短小，体长为2.5—3米，重达80—150千克。湾鳄是现存鳄类中体形最大的一种，也是世界上现存最大的爬行动物。湾鳄的幼年个体呈淡褐色，身躯及尾部有黑色的斑点条纹。成年个体身体颜色较深，腹部淡黄色或白色，尾巴底部末端灰色。湾鳄幼年个体以昆虫、两栖类、甲壳类、细小的爬行类及鱼类为食。成年个体主要以蟹、龟、巨蜥及水鸟为食，但也会捕食体形更大的动物。在澳大利亚，湾鳄曾有袭击人类的记录，甚至还会攻击船只，所以湾鳄也被称为"食人鳄"。

Saltwater Crocodile

界：动物界 Animalia
门：脊索动物门 Chordata
纲：爬行纲 Repetilia
目：鳄目 Crocodylia
科：鳄科 Crocodylidae
属：鳄属 *Crocodylus*

湾鳄生活在怎样的环境中？

湾鳄主要生活在东南亚、南亚和澳大利亚的热带及亚热带的湿地中，如河流、河口、红树林、海滩、沼泽等地。和大多数鳄类相似，它们依水而居，把家安在湖泊或河流附近的泥窝里。不同的是，湾鳄对海水的耐受性比其他鳄类强，它们既能够适应淡水环境，也能够适应海水环境。正因为很多湾鳄生活于海湾中，所以它们也被称为咸水鳄。它们拥有适应高盐度水质的生理结构，具有特殊的舌盐腺，能够将盐分排出体外。在它们的口腔内层还有不透水的衬里，因此它们天生能够适应海水环境。不过在大多数情况下，湾鳄会在淡水环境中度过雨季，在旱季迁移到咸水环境中。湾鳄的活动范围很广，它们可以在海上待上几天甚至几周，在海水中漂流和游泳的距离可达数百千米，而且会在旅海的途中捕猎。

湾鳄都吃些什么？

湾鳄位于湿地食物链的顶端，属于顶级掠食者。作为浅水环境的"老大"，它们食谱中的动物种类繁多，蟹、龟、巨蜥及水鸟是成年湾鳄最主要的食物，一些体形更大的水牛、野猪等食草动物，甚至爬树的猴子、蹦跳的袋鼠有时也是它们猎杀的对象。在有些地区，湾鳄还会对人类造成伤害。在澳大利亚，湾鳄的数量已经超过20万条，它们与人类相遇的概率很高，时常有湾鳄伤人的报道。

湾鳄依靠什么捕食哪些大型动物？

湾鳄最致命的武器就是那又窄又长的嘴，湾鳄的嘴部占体长的1/6，上下颌的咬合力高达1.9吨，是狮子的3倍多，被湾鳄咬住的猎物很少能够逃脱死亡的命运。湾鳄虽然满嘴尖牙利齿，但是这些牙齿并不能帮助它们撕咬或咀嚼食物。在进食时，它们会用大嘴夹住猎物，将猎物拖到水岸边的石头或者树干旁猛烈地摔打，直到摔碎或者摔软后再一点点吃掉。

湾鳄会成群出现吗？

与生活在非洲、常常群体合作捕食的尼罗鳄不同，湾鳄习惯于独居。它们的领地意识强烈，会为了争夺地盘而大打出手。一只雄性的成年湾鳄会独占一定的领地，任何进入它领地的生物都被视为猎物。雄鳄会驱逐同类，在繁殖季节展开领地保卫战，获胜的个体才能够获得与雌性交配的权利。

湾鳄如何繁殖？ 雌性湾鳄大约在10—12岁时达到性成熟。雄性湾鳄要到16岁才达到性成熟。每年5—6月，雌雄湾鳄会进入繁殖期，成年雄性会追逐雌性。一般情况下，雄性湾鳄会驱逐进入自己领地的其他雄性湾鳄，并占据多只雌性湾鳄。

湾鳄会把自己的卵埋在沙子里吗？ 湾鳄一般在淡水江河边的林荫丘陵处营巢，它们会利用腐草制作巢穴。营巢时，雌性湾鳄会用尾扫出一个长宽为7—8米的平台，然后在此基础上建造一个直径3米左右的巢来安放鳄卵。巢穴通常距离河边不远。初次产卵的雌性湾鳄一次可以产卵30枚左右，而更为年长的雌性湾鳄甚至一次可以产下90枚左右的卵。这些卵依靠阳光和腐草发酵后产生的热量孵化。由于幼鳄的性别由孵化时的温度决定，所以在孵化期间，雌性湾鳄会一直守在巢旁，并时不时用尾巴往卵上洒水以控制卵的温度，平衡性别比例。经过75—96天的孵化后，雏鳄出壳。刚刚出壳的小鳄大约只有24厘米长，它们主要以体形不大的昆虫、爬行类、两栖类、甲壳类及鱼类等为食。

判断对错

1. 湾鳄能够在海水中生存。
2. 湾鳄对人的袭击不会致命。
3. 湾鳄会成群出现在海湾。
4. 湾鳄繁殖实行"一夫一妻制"。
5. 湾鳄不会把它的卵埋在沙子中。

答案：1.√ 2.× 3.× 4.× 5.√

走近大洋洲动物

澳大利亚国鸟——鸸鹋

AR魔法图片

明星名片

鸸鹋（学名：*Dromaius novaehollandiae*），是仅次于非洲鸵鸟的世界第二大鸟，平均身高可达1.75米，体重达50—55千克，雌性比雄性略重。它们是世界上最古老的鸟种之一，是鹤鸵目鸸鹋科的唯一现存物种。鸸鹋的翅膀已退化，仅有十几厘米，与庞大的体形不相称，完全无法飞行。作为一种大型鸟类，鸸鹋有着长长的腿，腿部强而有力，每跨一步可达3米，冲刺时的最快速度可达到80千米/时。成年鸸鹋脖子细长，附满羽毛，小小的头上有着一对大眼睛，尖喙短小。鸸鹋的羽毛十分柔软，毛色为灰褐色。雏鸟身上有棕黄的条纹，成年后逐渐消失。鸸鹋只生活在澳大利亚，它们和袋鼠一样，是澳大利亚的代表性动物。

Emu

界：动物界 Animalia
门：脊索动物门 Chordata
纲：鸟纲 Aves
目：鹤鸵目 Casuariiformes
科：鸸鹋科 Dromaiidae
属：鸸鹋属 *Dromaius*

鸸鹋生活在哪里？ 鸸鹋是澳大利亚特有物种，在澳大利亚大陆广泛分布，它们喜欢栖息在人烟稀少的区域，例如草原、林地、矮树丛、野地等。鸸鹋每天都需要喝水，但在澳大利亚的干旱地区喝水绝非易事。因此，鸸鹋常常在水源地附近栖息，而且它们会追随雨水迁徙。如今，得益于澳大利亚发达的畜牧业，为了给牛羊提供饮水，人类设置了许多永久饮水点，鸸鹋也逐渐学会了在这些饮水点喝水，这也使得鸸鹋分布范围比以前更广。

鸸鹋吃什么？ 鸸鹋属于杂食动物，它们一般白天觅食，尤其喜欢吃种子、果实、花朵和嫩芽等植物富含营养的部分，当然蟋蟀、蚱蜢、蛾幼虫等昆虫，甚至蜥蜴等小型脊椎动物也在鸸鹋的食谱上。至于落叶和干草，野生鸸鹋其实对这些毫无兴趣。作为鸟类，鸸鹋没有牙齿，因此它们会吃一些小石头来帮助砂囊研磨消化食物，有时它们甚至会吞食木炭。在干旱的澳大利亚内陆地区，由于食物短缺，鸸鹋常常会徒步迁徙数百千米或更远去寻找食物。对于澳大利亚的农民而言，鸸鹋会偷吃农作物，但与此同时，它们也会吃掉蝗虫等害虫，真是让人又爱又恨。

鸸鹋的名字是怎么来的？ 鸸鹋会发出"er, mu……"的叫声，它的英文名Emu由此而来，中文名"鸸鹋"则是根据英文名音译而来的。实际上，鸸鹋是非常善于鸣叫的鸟类。成年鸸鹋的颈部气管有一个长约30厘米的巨大气囊，这个气囊形成了一个回音室，能让鸸鹋发出巨大的鸣叫声，这些声响甚至可以传到2千米以外的地方。它们还会发出咕咚声和低沉的击鼓声。从音色上看，雄性鸸鹋发声较为低沉，而雌性发出的声音较为高亢、响亮。

走近大洋洲动物

鸸鹋为什么不会飞却跑得很快? 作为古老物种,鸸鹋所属的家族在距今8 000多万年的演化过程中变化不大。鸸鹋是鸟类中平胸总目的一员,是名副其实只擅长行走却不会飞行的鸟。它们的翅膀退化、胸骨没有突起的龙骨。但它们拥有一个高度适应奔跑的骨盆结构,而且脚上只有三根脚趾,这些都有助于它们跑得更快。鸸鹋的羽毛均匀分布,但与鸵鸟一样,它们的羽枝不具有羽小钩结构,所以无法形成羽片,羽毛一直呈现蓬松状态。鸸鹋那两只短小翅膀则隐藏在身体两侧,几乎看不到,这也能减少跑步时的阻力。

鸸鹋怎么适应温度变化? 鸸鹋有柔软、长长的棕色羽毛,看上去毛茸茸的,头上还有较短的绒毛。它们羽毛的轴和尖端是黑色的,能吸收阳光的热量,松散的内层羽毛则形成隔温层,保护皮肤免受温度的影响。鸸鹋独特的呼吸系统能够帮助它们降温防暑。鸸鹋能够通过大口喘气来帮助散热降温,在喘气时,它们会将舌头伸出来,通过急促的呼吸来蒸发肺部的水分,从而实现降温。而到了天气寒冷时,鸸鹋的鼻腔内所具有的多重褶皱还可以使吸入的空气变暖。

鸸鹋如何繁育后代? 鸸鹋并非"一夫一妻制",它们通常在夏天交配。交配后,雌性鸸鹋会产下独特的深绿色的蛋。鸸鹋的蛋很大,每枚重约600克,蛋的表面有很多小孔,十分粗糙。产蛋后,雌性鸸鹋还会与其他雄性鸸鹋交配,孵蛋和育儿的任务就交给雄性鸸鹋了。鸸鹋是当之无愧的好爸爸,开始孵蛋后,雄性鸸鹋每天只喝一点水,依靠消耗之前囤积的脂肪,寸步不离地守护身下的这些蛋,每天只有帮助蛋翻转的时候才会起身,但一天也不过10次左右。大约8周后小鸸鹋便破壳而出。此时,雄性鸸鹋的体重降到只有原来的一半左右。小鸸鹋出壳后,还是会一直跟着爸爸生活。虽然鸸鹋看起来十分温柔,但是在这照顾小鸸鹋的过程中，雄性鸸鹋会有十分强烈的护雏行为，此时千万不能靠近它们。而且，雄性鸸鹋还会无私地收留其他走丢的小鸸鹋。不过有趣的是，为了保护自己亲生的孩子，它们只收留比自己孩子更小的雏鸟。

鸸鹋面临哪些威胁？ 在澳大利亚曾经生活着三种鸸鹋，由于猎杀和火灾，袋鼠岛鸸鹋和王岛鸸鹋都已灭绝，得益于能够在荒芜的平原上隐蔽生活，现存的唯一一种鸸鹋才存活下来。长久以来，鸸鹋都对澳大利亚土著文化和经济起着至关重要的作用，鸸鹋肉可以食用，鸸鹋蛋不仅可以食用还可以加工成艺术品，鸸鹋皮可用来制作高档的皮革制品，鸸鹋油用途广泛。即便作出了如此多的贡献，人们还是筑起一道道高高的围栏，防止鸸鹋偷吃粮食或踩坏农作物。而这些围栏阻断了鸸鹋的迁徙之路，导致了众多鸸鹋无法迁徙，进而无法找到足够的食物而饿死。此外，在野外，鸸鹋还要防备澳洲野犬和野猪。幸运的是，鸸鹋现在已经得到了法律保护，目前野外种群数量稳定。澳大利亚本土和许多国家还建立起了鸸鹋人工养殖场，如今世界各地人工繁育的鸸鹋也不少。

判断对错

1. 鸸鹋是澳大利亚的特有物种。
2. 鸸鹋只有两根脚趾。
3. 鸸鹋可以通过大口喘气来降低体温，并且可以一整天不停地喘气。
4. 鸸鹋的雄鸟负责孵蛋，雌鸟负责育儿。
5. 鸸鹋有许多天敌，是濒危物种。

答案：1.√ 2.× 3.√ 4.× 5.×

雨林神鸟——鹤鸵

明星名片

鹤鸵（属名：*Casuarius*），又称"食火鸡"，现存共有3个物种，分别是双垂鹤鸵（*Casuarius casuarius*）、单垂鹤鸵（*Casuarius unappendiculatus*）和侏鹤鸵（*Casuarius bennetti*）。它们是世界上体形仅次于非洲鸵鸟、鸸鹋的第三大鸟类群。鹤鸵栖息在热带雨林地区，以种子和浆果为食。鹤鸵体形高大，头顶长有保护性角质头盔，常用锐利的内趾爪攻击天敌。同时，鹤鸵擅长奔跑和跳跃，鸣声粗如闷雷，性情机警、凶猛，具有较强的攻击性。双垂鹤鸵又称南方鹤鸵，分布于新几内亚岛南部和澳大利亚昆士兰最北部及附近岛屿，因脖子下方、胸口位置有两片鲜红色的肉垂而得名双垂鹤鸵。身高可达1.5—1.7米，体重60—80千克。雌雄形态差异极小，雌性略大，且颜色较鲜明。头颈裸露部分主要为蓝色，颈侧和颈背呈紫、红和橙色。单垂鹤鸵又称北方鹤鸵，分布于印度尼西亚和新几内亚岛及其附近的岛屿，因有单肉垂而得名，其平均身高为2米，体重20—25千克。最引人注目的是脸颊至脖颈具有明亮的裸露的蓝色皮肤。侏鹤鸵分布于印度尼西亚、巴布亚新几内亚、新几内亚岛的中部山区以及新不列颠岛等地，它们没有从脖子上垂下来的肉垂，身高为99—135厘米，体重约18千克，是鹤鸵中体形最小的。

Cassowary

界：动物界 Animalia
门：脊索动物门 Chordata
纲：鸟纲 Aves
目：鹤鸵目 Casuariiformes
科：鹤鸵科 Casuariidae
属：鹤鸵属 *Casuarius*

鹤鸵为何又叫作"食火鸡"呢？ 食火鸡意为"能吃火的鸡"，而不是"可以食用的火鸡"。因为当地的原住民认为鹤鸵脖子上的鲜红色肉垂是吞噬火炭所致。鹤鸵有一个独特的习性——对发光物非常好奇，当它们看到人类弃置的炭火灰烬时，必定上前啄弄一番，顺便吞下几粒熄灭的炭块到砂囊里，帮助磨碎不易消化的食物，这也是它们"食火鸡"名称的由来。但是要注意食火鸡通常所指的是双垂鹤鸵，而不是整个鹤鸵家族！

鹤鸵在生活方面有什么特点呢？ 鹤鸵大多成对生活，在密林中有固定的休息地点和活动通道。鹤鸵不喜欢强光，常常早晨和傍晚外出觅食。它们的翅膀很小，不能飞行。相反，它们可以依靠强大的双腿来行走和奔跑。在穿过森林时，鹤鸵几乎全程无声。而当受到干扰和惊吓时，它们能够以50千米/时的速度逃跑，在此期间，它们还会利用头上的角质盔推倒挡路的树枝。此外，它们的跳跃高度可达1.5米，而且是游泳能手。

鹤鸵的生性如何？ 鹤鸵性情暴躁，十分凶猛，面对挑衅决不妥协！如果受到威胁，鹤鸵常常会狠狠反击。鹤鸵的凶悍绝非浪得虚名，它们有一个绝招，一旦碰上敌害，就"呼"的一下蹿到空中，然后对准目标，用它们强有力的双腿狠命一击，脚趾上的长爪子如同利剑一般，对目标进行致命打击。正因为具有这样的习性，所以鹤鸵常被认为是动物园中最危险的动物之一，还曾经被吉尼斯世界纪录收录为"世界上最危险的鸟类"。

雄鹤鸵和雌鹤鸵哪一方占主导地位呢？ 鹤鸵是一种雌性占主导地位的鸟类，雌性的体形更大，也更为凶猛。通常情况下，雄性一般会占据一片大约7平方千米的领地，不同雄性之间的领地少有重叠。而雌性鹤鸵的领地会比雄性大得多，并且一只雌性的领地通常与多只雄性的领地互相重叠；而雌性与雌性之间则完全无法容忍彼此。每年的繁殖季，配对也都是由雌性鹤鸵发起的。它们会发出在鸟类中数一数二低沉的吼声，然后吸引雄性前来交配。在整个繁殖季中，雌性鹤鸵可能与势力范围内多达4只的雄性进行交配。不过更常见的情况是，雌性鹤鸵会独宠其中一只雄性，并在数年间与它结成相对稳定的伴侣关系。

鹤鸵是如何交流的呢？ 鹤鸵会采用"加密"的交流方式。鹤鸵的头顶上长有一个黄色或灰黑色的角质盔，除了起保护作用外，角质盔还能接收声波。鹤鸵生活在密林里，为了让自己的声音能够穿透树木，它们需要发出比其他鸟类都要低频率的叫声，也就是次声波，其头顶上的角质盔就是这种次声波的接收器。

鹤鸵如何生宝宝？ 鹤鸵的繁殖季节为冬季，通常在6—9月产卵。在整个交配季节，雌性通常会与2—3只雄性交配，每次筑一个新巢，由雄性承担孵化的任务。在求爱过程中雄性会发出类似充气声的呼唤。它们的巢穴建在地面上，用植物落叶、草茎、木棍和细枝筑成，巢高约25厘米，直径70厘米。每巢大约产3—6枚卵，卵呈鲜绿色，长约13厘米。在产卵之后，由雄性单独负责照顾卵和雏鸟，这一过程将持续47—61天。一旦雏鸟孵化，它们就会和爸爸待在一起，爸爸会保护雏鸟免受掠食者的侵害，还会教会雏鸟如何寻找食物，这个过程将持续约9个月，直到雏鸟独立。

判断对错

1. 鹤鸵的角质盔是它们的声波接收器。
2. 鹤鸵面对威胁绝不妥协。
3. 鹤鸵不会发出次声波。
4. 鹤鸵被称为动物园中最危险的动物之一。
5. 鹤鸵生性温和。

答案：1.√ 2.√ 3.× 4.√ 5.×

行走的猕猴桃——几维鸟

Kiwi

界：动物界 Animalia
门：脊索动物门 Chordata
纲：鸟纲 Aves
目：无翼鸟目 Apterygiformes
科：无翼鸟科 Apterygidae
属：无翼鸟属 *Apteryx*

明星名片

几维鸟属于无翼鸟属（属名：*Apteryx*），这一属名的拉丁文原意是"没有翅膀"。几维鸟是新西兰的国鸟，也被叫作"鹬鸵"或"奇异鸟"，是无翼鸟科无翼鸟属下5种现生鸟类的统称。因鸣叫声尖锐，听上去特别像"keee-weee"而得名Kiwi。在无翼鸟大家族中，大部分成员都已经灭绝，几维鸟是为数不多的幸存者之一。几维鸟身材小且粗短，嘴长而尖，灰褐色的羽毛和头发丝一样纤细，腿部力量发达，擅长奔跑。它们的雌鸟比雄鸟要大，能产下相当于自身体重1/3的巨蛋。几维鸟不仅眼睛小，胆子也非常小，一天能睡20个小时，白天视力不佳的它们夜视能力极强，所以通常都在夜间活动。它们的嗅觉非常敏锐，是唯一一类鼻孔长在喙顶端的鸟，这可以让它们快速地嗅出虫子藏匿的位置，进而捕食。伴随着人类的到来，猫、狗、白鼬、雪貂等外来哺乳动物不断入侵，再加上栖息地遭到破坏，几维鸟的处境愈发艰难。在5种几维鸟中，小斑几维被世界自然物种保护联盟列为"近危"物种，其余4种（褐几维、大斑几维、北岛褐几维、奥卡里托褐几维）则被列为"易危"物种。

5种几维鸟都有什么异同？ 无翼鸟科无翼鸟属现存5种鸟类，包括褐几维(Apteryx australis)、北岛褐几维(Apteryx mantelli)、大斑几维(Apteryx haastii)、奥卡里托褐几维(Apteryx rowi) 和小斑几维(Apteryx owenii)。从外观上看，几维鸟的羽毛颜色大多为灰色或褐色，大斑几维和北岛褐几维身上还有独特的浅条纹。从体形上看，大斑几维、褐几维的体形稍微大，其中大斑几维最大，高约45厘米，雌鸟体重约3.3千克，雄鸟体重约2.4千克。小斑几维最小，同矮脚鸡一般大小。从分布上看，大斑几维分布最广泛，几乎遍及新西兰，褐几维和奥卡里托褐几维仅分布在新西兰南岛，小斑几维曾在新西兰南岛和北岛都有分布，但目前仅存于卡皮蒂岛。从种群上看，北岛褐几维现存数量最多，小斑几维数量最少。

新西兰的国鸟几维鸟在当地的地位如何？ 几维鸟只分布在新西兰。它们是新西兰的民族象征，地位可以说和我们的国宝大熊猫不相上下。几维鸟和猕猴桃的英文名重名，大家的第一反应大多是几维

鸟沾了猕猴桃的光,但事实恰好相反,猕猴桃之所以叫Kiwi Fruit,正是因为新西兰人从中国引入猕猴桃后,觉得猕猴桃和几维鸟看起来很像,才起了这么个英文名。在新西兰,几维鸟的"身影"随处可见,无论是路边的广告牌,还是商城的装饰,几维鸟的元素必不可少。官方也毫不吝啬地展示自己的喜爱之情,新西兰皇家空军标志上就印着一张大大的几维鸟剪影图,新西兰的一元硬币也印有几维鸟。有时候,新西兰人甚至会用"我是一只几维鸟"而非"我是新西兰人"来向外国人介绍自己。

为什么几维鸟不会飞? 几维鸟属于"五短"身材,腿短的它奔跑的速度却毫不含糊,能达到16—17千米/时,堪称健步如飞。都能跑这么快了,它们怎么就不会飞呢?原因就是它们几乎没有翅膀。在演化过程中,几维鸟已经适应了数百万年基本没有天敌的悠哉日子;再加上新西兰的各种环境中地面上的食物非常丰富,几维鸟主要以地面上的蚯蚓、昆虫、蜘蛛等小型无脊椎动物为食物,所以想吃什么都不用飞,只

需要用带着鼻孔的长尖嘴往地下探就够了。久而久之，翅膀就在这样的情况下由于自然选择而逐渐退化，只剩下一点翅骨。从身体结构上看，擅长飞行的鸟类胸骨都有龙骨突。几维鸟所属的平胸总目鸟类已经丧失了龙骨突这个结构，这使得它们也没办法给动翼肌提供支撑，进而也就没有足够的力量进行飞行了。

几维鸟的蛋能和鸵鸟蛋一样大？ 几维鸟是"一夫一妻制"，关系可持续20年，夫妻俩平生最大的爱好就是盖房子。它们的繁殖期主要为当年的6月至次年的3月。大多数鸟类只有左侧卵巢功能正常，但几维鸟左右卵巢竟然都有功能。通常情况下，几维鸟每季只产1枚蛋。要知道，体形最大的几维鸟雌鸟体重才3.3千克左右，但它们产下的蛋却可达自身体重的1/3，足足有1.1千克，只比鸵鸟蛋小一点点，这可是地球上同体形鸟类中产蛋最大的。要生这么大的蛋，几维鸟妈妈尤为辛苦。为了保护自己腹中的蛋，它们不得不改变行走姿势。而在生产的前几天，由于已经没有多余的空间留给胃部，它们甚至不得不禁食。对于几维鸟而言，它们的雄鸟也会负责孵化，新西兰人也因此把顾家的丈夫称作Kiwi Husband。

判断对错

1. 几维鸟蛋是世界上最大的蛋。
2. 对几维鸟威胁最大的是白鼬等哺乳动物。
3. 因为没有双翅，所以几维鸟无法飞行。
4. 5种几维鸟中，褐几维数量最多。
5. 几维鸟的名字取自猕猴桃。

答案：1.×　2.√　3.×　4.×　5.×

爱"笑"的翠鸟——笑翠鸟

明星名片

笑翠鸟(学名:Dacelo)其实是笑翠鸟属鸟类的统称,包括是笑翠鸟(Dacelo novaeguineae)、蓝翅笑翠鸟(Dacelo leachii)、棕腹笑翠鸟(Dacelo gaudichaud)和披肩笑翠鸟(Dacelo tyro)。它们都拥有结实的身体,短短的脖子,长而有力的喙,又尖又短却强壮有力的腿。翠鸟科所有成员中,笑翠鸟属的体形最大,体长可达28—42厘米。它们主要生活在澳大利亚和新几内亚岛,栖息在开阔潮湿的森林、林地、干旱的大草原等不同的环境中。笑翠鸟的雌性和雄性的外形相似,但雄性蓝翅笑翠鸟有一条蓝尾巴,雌性棕腹笑翠鸟却有一条褐色的尾巴。在澳大利亚,笑翠鸟的形象时常出现在钱币、邮票中,其中最著名的莫过于澳大利亚珀斯造币厂发行的纪念银币,背面正是一只独立枝头的笑翠鸟。

Laughing Kookaburra

界:动物界 Animalia
门:脊索动物门 Chordata
纲:鸟纲 Aves
目:佛法僧目 Coraciiformes
科:翠鸟科 Alcedinidae
属:笑翠鸟属 *Dacelo*

笑翠鸟属的鸟类都会"笑"吗？ 笑翠鸟的英文名字叫Laughing Kookaburra，Kookaburra一词，读起来就和它们的鸣叫声非常相似，它们会与自己家庭成员一起发出"koooaa"鸣叫声，与其他笑翠鸟合作发出"koo-koo-koo-koo-koo-kaa-kaa-kaa"鸣叫声。笑翠鸟因其鸣叫声与人类大笑的声音相似而得名，但其实笑翠鸟发出的"笑声"并不代表它们开心，而是一种警告，警告其他鸟类离开自己的领地。此外，笑翠鸟属下的4种鸟类中，笑翠鸟和蓝翅笑翠鸟会发出类似笑声的鸣叫声，而像棕腹笑翠鸟和披肩笑翠鸟的鸣叫声则更像狗叫。

如何区分这4种笑翠鸟属成员？ 笑翠鸟有一个白色的大脑袋，头顶有"小棕帽"，脸颊有棕色斑块，原住于澳大利亚东部，后被引入澳大利亚西南部。蓝翅笑翠鸟体形比笑翠鸟小一些，拥有着美丽的蓝色翅膀，双翼的羽端覆盖着暗蓝色，臀部和尾巴有着深浅不同的蓝色。它们主要分布在澳大利亚北部及新几内亚岛南部。棕腹笑翠鸟的腹部为棕色，分布在新几内亚岛南部的赛巴伊岛。披肩笑翠鸟头上和颈部的羽毛则有由浅黄、黄色与黑色组成的斑点纹，分布在新几内亚岛南部。

笑翠鸟属鸟类吃什么？ 笑翠鸟受到澳大利亚人民的喜爱，不仅因为它们美丽的外表和有趣的鸣叫声，还因为它们对于当地生态平衡有着重要贡献。与大部分翠鸟科鸟类以水生鱼类为食不同，笑翠鸟属的食性相对较杂，昆虫、鱼、小型啮齿动物、生肉、蠕虫、甲虫小型爬行动物等都是它们的食物。在捕食的时候，它们会在树枝上耐心地等待，一旦发现了猎物就会猛扑过去。在这个过程中，它们的整个身体会笔直下落，同时收起翅膀，张开喙，准备致命一击。满载而归后，

它们会带着猎物回到树枝上慢慢享用。大部分鸟类的嗉囊都长在脖子底下，而笑翠鸟的嗉囊长在了身体更低的位置，即两腿之间的腹部，这就使得笑翠鸟们的嗉囊更大，从而可以一口气把猎物吞食下去。

笑翠鸟属鸟类是如何繁衍后代的？ 大部分翠鸟仅在繁育季节才会与配偶共同生活，但笑翠鸟却是群居动物。如笑翠鸟和蓝翅笑翠鸟的家庭中就由父母和它们年长的后代共同组成，它们会一起养育雏鸟。棕腹笑翠鸟则要么独自生活，要么就在开放的林地中呈小型群居。笑翠鸟是忠诚的"一夫一妻制"鸟类。它们的繁殖季节从当年的9月开始，至次年的1月结束。其间，它们会在空心的树干、树洞、地上或挖掘的白蚁丘里筑巢。雌性一次会生下1—4枚白色的圆形蛋。然后，整个家族都会一起孵化鸟蛋，喂养并保护雏鸟。雏鸟成年后并不会被赶出家族，而是协助父母保卫领地、抚养和保护未来的雏鸟。孵化鸟蛋需要笑翠鸟父母和家人们一起努力25天。出壳30天后，雏鸟就可以离巢，但笑翠鸟父母仍然会继续为它们提供食物，这样的情况会维持大约40天。这样一来，整个过程至少需要3个月的时间，所以笑翠鸟属鸟类一个繁殖季节也就只产一窝鸟蛋。

笑翠鸟的雏鸟会遇到哪些危险？ 对笑翠鸟的雏鸟来说，它们不仅要提防捕食者，更不得不面临可能被自己的兄弟姐妹所残杀的厄运。笑翠鸟的雏鸟出生时虽然身上没有羽毛，也看不见，但攻击性却很强。它们会使用这一阶段喙上特有的钩子，去袭击其他雏鸟的头部。事实上，许多笑翠鸟都在年轻的时候自相残杀。当笑翠鸟妈妈产下3枚蛋时，先出生的2只雏鸟常常并不会善待最后出生的那1只，反而不是将其啄杀，就是把食物瓜分完让其饿死。笑翠鸟的巢并不大，所以如果父母没有储备足够充足的食物，自相残杀的情况就很容易发生。这种自相残杀看似

残忍，但在大自然中也有着重要的意义，因为这能保证笑翠鸟父母将有限的资源提供给更具优势的雏鸟，确保了种群的繁衍。

笑翠鸟为什么能成为奥运会的吉祥物？ 奥运吉祥物向来被认为是体现奥林匹克精神，展示主办国历史与文化的重要载体。2000年第27届夏季奥运会在澳大利亚悉尼举办，当时的吉祥物便是笑翠鸟"Olly"、鸭嘴兽"Syd"和针鼹"Millie"。设计师解释之所以选择这三种动物，是因为它们是澳大利亚最有代表性的物种，三者分别代表了澳大利亚的天空、水域和土地，其中笑翠鸟代表了奥林匹克的博大精深，鸭嘴兽表现了澳大利亚和澳大利亚人的精神与活力，针鼹则是一个信息领袖，展现了对未来的希望和自信。

判断对错

1. 笑翠鸟属鸟类在翠鸟科鸟类中体形偏小。
2. 笑翠鸟会吃蜥蜴。
3. 笑翠鸟真的会笑。
4. 笑翠鸟会在春季繁殖后代。
5. 笑翠鸟的雏鸟会和谐相处。

答案：1.× 2.√ 3.× 4.× 5.×

"土包"专家——冢雉

明星名片

冢雉是冢雉科（科名：Megapodiidae）鸟类的统称。作为地栖型鸟类，冢雉体形敦实，外形与亲戚家鸡相似。它们广泛分布于澳大利亚大陆、新几内亚岛以及华莱士线以东的印度尼西亚岛屿，也有一些种类生活在孟加拉湾的安达曼群岛和尼科巴群岛。冢雉最大的特点就是它们独特的繁殖习性。冢雉不自己孵卵，它们会将卵产在地下洞穴或由腐烂的植物、树叶堆积而成的土冢之中，借助来自大自然的天然热量将卵孵化。冢雉以植物的嫩叶、花、种子、果实以及甲虫或无脊椎动物为食。

Megapode

界：动物界 Animalia
门：脊索动物门 Chordata
纲：鸟纲 Aves
目：鸡形目 Galliformes
科：冢雉科 Megapodiidae

属：冠冢雉属 *Aepypodius*
丛冢雉属 *Alectura*
摩鹿加冢雉属 *Eulipoa*
眼斑冢雉属 *Leipoa*
马累冢雉属 *Macrocephalon*
冢雉属 *Megapodius*
营冢雉属 *Talegalla*

冢雉的名字有什么含义？ 冢雉的名字来源于它们特殊的繁殖习性。冢雉的繁殖方式不同于其他的鸟类，它们并不依靠自身体温在巢中孵卵。相反，冢雉的繁殖行为很像将卵埋入沙土之中使之自然孵化的海龟。冢雉会将卵产于沙土坑中，然后再用它们大而健硕的脚部刨土，将沙土坑掩埋后形成的土堆作为孵化后代的特殊鸟巢。这个土堆如一个天然的"孵化机"，大自然的力量温暖着卵中的胚胎，使其逐渐发育成长直至孵化完成。这个特殊的鸟巢形如土包坟墓，而"冢"的字意为坟墓，鉴于这些鸟的特殊繁殖习性，它们便被称为"冢雉"。

冢雉家族有哪些成员？ 其实冢雉家族的成员并不少，整个冢雉科由冠冢雉属、丛冢雉属、摩鹿加冢雉属、眼斑冢雉属、马累冢雉属、冢雉属、营冢雉属共7属21种动物组成。

冢雉的外形有什么特点？ 冢雉的嘴呈圆锥状，头部大多无羽且皮肤裸露，整个头颈部呈黄色或红色，雌雄羽色相近，脚趾强大。人们通过形态特征来对不同属的冢雉进行划分。冢雉可被分为3个生态组，分别是普通冢雉组、雨林冢雉组以及眼斑冢雉组。普通冢雉组包括冢雉属在内的12种鸟以及摩鹿加冢雉和苏拉冢雉，它们的共同特点为体形小、暗色、短尾，多为岛栖型。其中最有代表性的普通冢雉体长38厘米，体羽大多为黑色，头顶和上背淡灰色；翅、下背、腰和尾上复羽呈褐色；颏、喉和下体大多为黑色沾灰，腹部则为沾褐色。雨林冢雉组包括丛冢雉属、营冢雉属以及冠冢雉属内的5种鸟。它们的共同特点为体形较大，上体呈暗黑褐色，下体暗灰而具白色阔边；头、颈裸露部分为粉红色，具稀疏黑褐色状羽，肉垂黄色沾红。值得一提的是，与其他冢雉科的动物"光秃秃"的头部相比，冠冢雉属内的两种动物冢雉——冠冢雉、肉垂冠冢雉则不太一样。这两种鸟的头背部肉质有一定程度的隆

起,仿佛戴了一顶帽子,这便是它们的"冠"。无独有偶,眼斑冢雉的外形也颇具特点,作为冢雉家族中最为著名的种类,眼斑冢雉与雉科的眼斑孔雀雉看起来有几分相似,背部的羽毛花纹颇多。

冢雉是如何生活的? 冢雉家庭拥有洒脱的母亲和耐心的父亲,父母分工干活,各司其职。都说"冢雉是心大的家长,对于孩子只管理不管养",其实倒也不全对,因为虽然雌性冢雉在产卵之后便退出了孵化的过程,但雄性冢雉却要在巢边辛苦守候数月,适时调整温度、松土,以便雏鸟顺利破壳而出。冢雉雏鸟破壳而出的过程并不如其他鸟类一般用喙啄开卵壳,它们会用自己那一双与生俱来的强壮的大脚踹开卵壳。雏鸟阶段的冢雉不仅能够奔跑追踪猎物,甚至能够在出壳当日学会飞行。因此,了解自身物种习性的雄性冢雉会在冢雉雏鸟出壳后结束自身的看护使命,让小家伙们自由自在地生活。在全世界上万种鸟类中,只有冢雉科的20多种鸟类具有这种特殊的繁殖习性。

冢雉的生存现状如何？ 冢雉的性情孤僻，常单独活动，即使在繁殖季节也很少成对活动。它们善于奔走，但飞行能力较弱，不能长途飞行。冢雉科物种虽然分布广泛，但是由于人为活动对冢雉栖息地的破坏、狩猎、挖鸟卵以及自然天敌的影响，它们的数量每况愈下，其中许多种类面临灭绝的危险。在世界自然物种保护联盟的受胁物种名录中，比亚克冢雉、眼斑冢雉、尼科巴冢雉、塔宁巴岛冢雉被列为"易危"物种；马累冢雉、密克罗尼西亚冢雉、汤加冢雉、苏拉冢雉被列为"濒危"物种。

判断对错

1. 冢雉是群居动物。
2. 冢雉的卵是由雌性冢雉孵化的。
3. 冢雉雏鸟用喙啄开卵壳。
4. 冢雉可以长途飞行。
5. 冢雉雏鸟破壳而出后不再需要父母的照顾。

答案：1.× 2.× 3.× 4.× 5.√

华丽舞者——琴鸟

明星名片

琴鸟是雀形目琴鸟科（科名：Menuridae）鸟类的统称，琴鸟科本身只有琴鸟属一个属，包括华丽琴鸟（Menura novaehollandiae）和艾伯氏琴鸟（Menura alberti）两种。琴鸟体形较大，通体浅褐色，仅分布于澳大利亚的新南威尔士地区。琴鸟的体形能长到和家鸡一般大，它们的喙很强壮，双足有力，很善于行走，但它们的翅膀短而圆。琴鸟的面颊部呈现铅蓝色，身上的羽毛总体为暗褐色和灰色，喉部、两翼和尾上则呈现暗棕色。琴鸟的雄鸟有长达70厘米、宽3.5厘米的竖琴形尾羽。最外侧的尾羽尖端外卷成弧形，上面还点缀着金褐色的冠状斑点，这些最外侧的尾羽一侧为银白色，另一侧则有金褐色的新月形斑纹，构成了所谓"竖琴"的两臂，这就是它们名字的来源。而中间12根尾羽则呈现微白色，羽枝稀疏，纤细如丝。此外，琴鸟还有两根触角状羽毛，呈现金属丝状，又窄又硬，而且微微有点弯曲，仿佛"琴弦"一般，位于弯曲的"竖琴"的两臂中间。琴鸟这种标志性的尾羽会在秋季脱落，第二年春季会再生。

Lyrebirds

界：动物界 Animalia
门：脊索动物门 Chordata
纲：鸟纲 Aves
目：雀形目 Passeriformes
科：琴鸟科 Menuridae
属：琴鸟属 *Menura*

琴鸟属于雉类吗？ 1798年，几位探险家到澳大利亚新南威尔士地区的山地去寻找一类传说中的美丽的鸟。经过艰苦寻找，他们真的找到了一只美丽而不知名的鸟。它大小似公鸡，脚强壮有力，全身羽饰金黄，像一件丝绸锦衣，尾羽非常漂亮，从此揭开了这类鸟的神秘面纱。这类鸟的外形看起来很像鸡形目的雉类，而且这类鸟还具有发达的脚趾和长而直的脚爪，擅长奔跑而不擅飞行。但它们的身体内部结构却与雉类不同，即长着一个原始的鸣管和一条较长的胸骨，这说明它们更接近鸣禽。不过，鸟类学家还发现，它们的锁骨已经退化，而且尾羽有16根，这些特征又与鸣禽不同。因此，科学界认为这是一类很独特的鸟，经反复的研究讨论，鸟类学家们决定把这类鸟归入鸟纲雀形目，但独立列为琴鸟科。

琴鸟如何求偶？ 雄性琴鸟以求偶时炫耀的姿态和善于模仿的鸣叫声而闻名。它们不但能模仿各种鸟类的鸣叫声，还能效仿其他各种声音，如汽车喇叭声、火车喷气声、斧头伐木声、修路碎石机声，甚至人类的喊叫声等。琴鸟拥有三对鸣肌，这些特殊肌肉群的复杂程度和鸟类的鸣叫密切相关。当雄性琴鸟进行求偶炫耀时，会在森林中选块小空地站好，随后把尾伸向前方，使两条白色的长尾羽盖在自己的脑袋上方，而边上的竖琴状尾羽则会向侧方竖起。之后，雄性琴鸟会一边有节奏地昂首阔步，一边鸣啭，并时不时地模仿各种声音。

琴鸟为什么要建造"山丘"？ 雄性琴鸟在繁殖季节有一个奇特的习性——建造"山丘"。为了炫耀自己所占领地并吸引异性，雄性琴鸟常常会就地取材，在领地中堆出一个小山丘。有的个体甚至会在1平方千米的林间空地建造十几个类似的土丘，用以标志自己的领地，并警告竞争对手不要入侵。一旦土丘建完，雄性琴鸟还会将其作为自己表演的舞台，站在上面展尾鸣叫。通常情况下，雄性琴鸟会在清晨或黄昏进行自己的表演。表演时，它一会儿站在树上大声鸣叫，就像在招引观众，一会儿又飞下树来，登上土丘顶部载歌载舞。

华丽琴鸟为什么会成为澳大利亚国鸟？

琴鸟包括艾伯氏琴鸟和华丽琴鸟两种，象征着美丽、机智、真诚和吉祥。其中，华丽琴鸟以其壮观夺目的求偶炫耀、独特的歌声著称。雄性华丽琴鸟那精美复杂的尾羽甚至需要7年时间才能发育完全。作为澳大利亚的特有物种，琴鸟深受人们的喜爱，早在1930年澳大利亚政府就制定法律加以保护，其中的华丽琴鸟更是被人们作为澳大利亚的国鸟印制在澳大利亚的硬币上。

琴鸟为什么会被称为地表觅食者？

琴鸟主要栖于地面，它们具有长长的腿和强健的脚爪，因而奔跑轻松，挖掘有力。它们主要在地面以下5—15厘米深的土层中挖掘无脊椎动物为食，此外，一些植物种子也会在它们的食谱中。琴鸟的这种觅食习性促成了表土层和落叶层的不断翻新，有利于森林地面层裸露区域的保持和营养成分的循环。因此，它们会被称为地表觅食者。

判断对错

1. 琴鸟是鸡形目雉科鸟类。
2. 琴鸟会模仿很多声音。
3. 琴鸟会自己建造"山丘"。
4. 华丽琴鸟被人们作为澳大利亚的国鸟。
5. 琴鸟只以果实为食。

答案：1.✕ 2.✓ 3.✓ 4.✓ 5.✕

不会飞的重量级鹦鹉——鸮鹦鹉

明星名片

鸮鹦鹉（学名：*Strigops habroptila*）是新西兰特有的一种夜行性鹦鹉。作为鸮鹦鹉属的唯一种类，鸮鹦鹉全身布满了黄绿色的细点，而它们最主要的特点便是不会飞行。鸮鹦鹉在新西兰的原住民毛利人心中占有重要的地位，在他们的传说故事中常有鸮鹦鹉的形象。之所以叫鸮鹦鹉，是因为它们的面部羽毛排列就像鸮形目的各种猫头鹰的面盘那样。从外观上看，鸮鹦鹉具有独特的感受器羽须、大而灰的喙、短腿和大脚，以及相对短的翅膀和尾部。作为世界上唯一一种不会飞的鹦鹉，鸮鹦鹉的体重冠绝同类，是地球上最重的鹦鹉。它们还是唯一一种实行"一夫多妻制"并拥有求偶场的鹦鹉。

Kakapo

界：动物界 Animalia
门：脊索动物门 Chordata
纲：鸟纲 Aves
目：鹦形目 Psittaciformes
科：鸮鹦鹉科 Strigopidae
属：鸮鹦鹉属 *Strigops*

鸮鹦鹉有哪些独特之处？ 鸮鹦鹉是世界上唯一不会飞的鹦鹉。正因如此，鸮鹦鹉不像其他同类那样长有轻盈的身型，相反，在地面夜栖的习性使得它们需要在体内储存大量脂肪，这也使得它们的体重可达4千克，成为世界上最重的鹦鹉。虽然不会飞行，但鸮鹦鹉拥有强壮的腿，每天可以行走数千米。科学家们相信鸮鹦鹉的祖先一定是能够飞行的，但当它们长期在新西兰这样的拥有丰富的食物和极少天敌的海岛生存后，逐渐丧失了飞行的能力，翅膀肌肉退化，翅膀缩短，体形变得壮硕强健。不过这个短小的翅膀对于它们行走时保持平衡还是很有作用的。

鸮鹦鹉是如何繁殖的？ 在全世界所有鹦鹉当中，只有鸮鹦鹉采用求偶场的方式进行自己的求偶表演。在繁殖期时，雄性鸮鹦鹉会纷纷离开它们的居所，聚集到一个仿如竞技场的空间，将其作为求偶场。它们往往会为了争夺求偶场中的最佳位置而进行激烈的打斗。雌性鸮鹦鹉到场后，雄性鸮鹦鹉会在自己的位置舒展双翼，表演独特的舞蹈并鸣唱以吸引异性。雌性鸮鹦鹉则会以这些竞争者们的表演质量来选择自己青睐的对象，随即完成交配。不过一旦交配完成，雌雄双方便会分离，随后的育雏过程由雌性鸮鹦鹉自己完成。

走近大洋洲动物

鸮鹦鹉为什么会濒临灭绝？ 新西兰原住民毛利人的出现成为鸮鹦鹉生存的转折点。对于毛利人来说，鸮鹦鹉是一种很重要的食物。虽然不会飞的鸮鹦鹉在受到威胁时所采取的静止不动策略对自然界的敌害很有效，但这种方法对人类和他们所带的狗却毫无用处。因此，鸮鹦鹉被大量猎杀，它们的皮肤和羽毛也被用来制作贵重的衣物。鼠类伴随着人类也来到了这个与世隔绝的天堂。它们不断吞噬鸮鹦鹉的蛋和雏鸟，进一步减少了鸮鹦鹉的种群数量。数百年后，欧洲人的到来进一步加剧了人类对新西兰原生环境的破坏，大规模耕种和放牧造成鸮鹦鹉的栖息地进一步被破坏，而猫、雪貂和白鼬等外来入侵物种作为捕食者也纷纷来到了新西兰，使得鸮鹦鹉的处境雪上加霜。

人类是如何保护鸮鹦鹉的？ 其实早在1890年，新西兰就颁布过相应的保育措施，然而大部分并未见成效。1980年，新西兰正式开始实行全国性的鸮鹦鹉复育计划。到了2005年，新西兰野生的鸮鹦鹉全部集中在四个没有敌害的地区，即茂伊岛、乔基岛、科德菲什岛及安克岛，在这里，它们受到了严密的保护。同时，在新西兰南部的另外两个岛屿——雷索卢申岛和塞克勒特里岛上，人们还进行了鸮鹦鹉的重引入。作为濒临灭绝的物种之一，鸮鹦鹉的复育计划已经取得了一定的成果，它们的数量从不到50只增长到2009年3月的突破100只。最新的消息显示，如今鸮鹦鹉的数量已经超过200只。但在未来，它仍然需要更加周密的保护。

判断对错

1. 鸮鹦鹉不是世界上唯一不会飞的鹦鹉。
2. 鸮鹦鹉的体重无法支持它们进行飞行。
3. 鸮鹦鹉会利用特殊的求偶场进行求偶。
4. 鸮鹦鹉种群数量的减少与人类带来的外来物种有关。
5. 鸮鹦鹉已经受到保护，所以它们的种群可以高枕无忧了。

答案：1.× 2.√ 3.√ 4.√ 5.×

家常宠物——虎皮鹦鹉

明星名片

虎皮鹦鹉（学名：*Melopsittacus undulatus*），是一种小型的食谷性长尾鹦鹉，为虎皮鹦鹉属中的唯一物种，自19世纪以来就被人类当作宠物饲养。虎皮鹦鹉体长10—20厘米，翼展平均20厘米。人工饲养个体的体形略大于野生个体。雄性虎皮鹦鹉鼻孔周围的蜡膜为淡蓝色，雌性的则为棕色。它们的虹膜为灰白色，嘴为灰色，脚则为灰蓝色。虎皮鹦鹉的前额、脸部呈黄色，颊部有紫蓝色斑点，体密布黄色和黑色相间的细条纹，腰部、下体绿色。喉部有黑色的小斑点，尾羽绿蓝色。正因为虎皮鹦鹉的头部和背部一般呈黄绿色且有黑色条纹，犹如虎皮一般，所以其中文名为虎皮鹦鹉。虎皮鹦鹉以各种植物的种子、浆果、嫩芽、嫩叶为食。虎皮鹦鹉广泛分布于澳大利亚内陆地区。

Budgerigar

界：动物界 Animalia
门：脊索动物门 Chordata
纲：鸟纲 Aves
目：鹦形目 Psittaciformes
科：长尾鹦鹉科 Psittaculidae
属：虎皮鹦鹉属 *Melopsittacus*

虎皮鹦鹉在形态上有哪些特点？ 野生虎皮鹦鹉全身主要为黄绿色，夹杂有黑色条纹；它们的喉咙和面部为黄色，鸟喙呈橄榄黄色，脸颊下方带有不同程度的蓝紫色；而它们的翅膀则主要为灰绿色并带有浅色的条纹。值得一提的是，虎皮鹦鹉鼻孔周围蜡膜的颜色可以显示它们的性别，雄性的蜡膜为淡蓝色，雌性的蜡膜平时为灰棕色，仅带有一点点浅蓝色，到了繁殖季则会变为深棕色，而幼鸟无论雌雄，蜡膜均为粉红色。

虎皮鹦鹉的学名从何而来？ 虎皮鹦鹉首先由英国博物学家乔治·肖在1805年描述，在1840年由英国鸟类学家约翰·古尔德正式命名为*Melopsittacus undulatus*。其中的属名来自希腊文，意思是"悠扬的鹦鹉"，而种加词*undulatus*在拉丁语中的意思是"起伏"或"波浪图案"，用以形容它们的羽毛花纹。

走近大洋洲动物

虎皮鹦鹉是如何成为人类热衷的宠物的？ 1840年，虎皮鹦鹉的命名人——英国鸟类学家古尔德第一次把它们带入英国。这种娇小可爱的鹦鹉很快就进入了宠物市场，不久之后大批虎皮鹦鹉被引进英国，并出现了大型的鹦鹉集市。由于虎皮鹦鹉繁殖能力强，再加上之后人们培育出了各类不同羽色的驯养品种，极大地增加了人们的兴趣，使虎皮鹦鹉成了著名的宠物，至今仍在世界各地的合法宠物市场占有重要地位。

野生虎皮鹦鹉在野外如何生活？ 野生虎皮鹦鹉主要分布在澳大利亚干燥的内陆地区，也会在半干燥地区与半潮湿地区出现。在野生状态下，虎皮鹦鹉喜欢集群栖息在开阔的草原生境和林地带缘，当然在如今人类的农耕区也常有它们的身影。对于野生虎皮鹦鹉而言，它们的生活区域大多数时候不会离河流等水源地太远。此外，虎皮鹦鹉还具有季节性迁徙的行为，在澳大利亚的冬季（每年6月到9月），虎皮鹦鹉主要生活在北方，到了夏季（当年9月到次年1月）它们又会聚集到南方。

虎皮鹦鹉的寿命有多长？ 人工饲养的虎皮鹦鹉体形较野生个体更大，寿命也较长。在野生状态下，虎皮鹦鹉的寿命一般为7—8年，而在人工饲养条件下可达12年，更有甚者能活20多年。在人工饲养条件下，虎皮鹦鹉食物充足，也不用担心天敌，因此寿命更长。

虎皮鹦鹉一年可以繁殖几次？ 虎皮鹦鹉发育成熟得非常快，仅仅几个月就能够达到成年并进行繁殖。正常情况下，壮年期的虎皮鹦鹉每年可以繁3次，它们每隔4个月就能够产一次蛋，一次好几枚。虎皮鹦鹉虽然繁殖能力较强，但是"黄金时期"很短，就像很多动物一样，壮年时期就那么几年，一旦超过了年龄，虎皮鹦鹉的繁殖能力会下降许多。

人工饲养的虎皮鹦鹉有哪些常见品种？ 在人工培育条件下，虎皮鹦鹉的颜色各异。早在19世纪中叶，人们就已经热衷于培育各种色型的虎皮鹦鹉品系。目前在人工饲养培育条件下，虎皮鹦鹉的主要色型有蓝色、黄色、白色等，有的品系甚至同时兼具多种颜色。

判断对错

1. 虎皮鹦鹉的头羽与背羽类似虎皮，因此被命名为虎皮鹦鹉。
2. 野生虎皮鹦鹉有类似迁徙的行为。
3. 虎皮鹦鹉原产英国。
4. 虎皮鹦鹉的野生个体比人工饲养的个体大。
5. 虎皮鹦鹉的野生个体相对人工饲养个体寿命更短。

答案：1.√ 2.√ 3.× 4.× 5.√

天才建筑师——园丁鸟

明星名片

园丁鸟是雀形目园丁鸟科（科名：Ptilonorhynchidae）八属二十种鸟类的统称。园丁鸟身材结实，脚爪强健，喙粗厚，体形介于椋鸟和小型鸦类之间，体形一般雄鸟大于雌鸟。园丁鸟体羽光亮，雌雄异色。雄鸟以褐色、灰色或绿色等相对较暗的保护色为主，还有一些种类的雄鸟则全身主要为鲜艳的黄色、红色和蓝色，并长有黄色或橙色的头冠。雌鸟则主要呈现暗淡的褐色、灰色或绿色。园丁鸟只分布于新几内亚岛和澳大利亚。它们的栖息地包括雨林、桉树林以及灌木丛等。它们的食物则包括各种果实、昆虫、蜥蜴或者其他鸟类的幼鸟。金亭鸟、大亭鸟、斑园丁鸟、齿嘴园丁鸟、冠园丁鸟、缎蓝园丁鸟、辉亭鸟等是园丁鸟中著名的代表物种。

Bowerbirds

界：动物界 Animalia
门：脊索动物门 Chordata
纲：鸟纲 Aves
目：雀形目 Passeriformes
科：园丁鸟科 Ptilonorhynchidae
属：金亭鸟属 *Prionodura*
　　辉亭鸟属 *Sericulus*
　　大亭鸟属 *Chlamydera*
　　猫声园丁鸟属 *Ailuroedus*
　　齿嘴园丁鸟属 *Scenopoeetes*
　　阿氏园丁鸟属 *Archboldia*
　　褐色园丁鸟属 *Amblyornis*
　　园丁鸟属 *Ptilonorhynchus*

人们为什么一度以为园丁鸟属于极乐鸟？

园丁鸟最早引起人们的注意是在16世纪，当时的欧洲人到达了神秘的新几内亚岛，从当地居民手中购买到了一些园丁鸟的皮张。这些园丁鸟皮张上的羽饰非常艳丽，和同在新几内亚岛上的各种极乐鸟相差无几，于是学者们也就把园丁鸟和极乐鸟放在同一科中。从19世纪初到20世纪50年代，园丁鸟整个家族得到了系统的研究和命名。如今，已有20种园丁鸟被命名。现在科学界的主流观点是将园丁鸟作为独立的一科。根据DNA分析，距今5 000万至6 000万年前，当澳大利亚与南极洲两个大陆板块分离时，园丁鸟可能就开始了自己独特的演化历程。

园丁鸟家族之间的体态差异大吗？

其实不同种类的园丁鸟在体形大小、羽毛颜色上都有较大的差异。体形最大的园丁鸟是大亭鸟，最小的则是金亭鸟，后者比前者小了将近一半。而在羽毛形态上，整个园丁鸟科的20种鸟有五六十种不同模式。这是因为园丁鸟科中只有3种鸟表现为雌雄外表相似，相应的，它们的婚配模式也是"一夫一妻制"。而剩下的17种园丁鸟则为"一夫多妻制"，于是它们也就呈现出不同程度的性二型，也就是说它们雌雄的羽毛形态各不相同。有些园丁鸟雄鸟的羽毛闪烁着金色、橙色和黑色的光芒，如辉亭鸟、贝氏辉亭鸟、黄头辉亭鸟和阿氏园丁鸟；有些呈蓝黑色，如有名的缎蓝园丁鸟；还有些则呈夺目的金黄色和橄榄色，如金亭鸟；甚至还有全身褐色却长有对比鲜明的橙色或黄色头冠的，如褐色园丁鸟属的大部分种类。而这些实行"一夫多妻制"的园丁鸟的雌鸟羽毛则要暗淡很多，主要为褐色、橄榄色或绿色，常常具有很多斑纹，更有利于隐蔽。至于园丁鸟的雏鸟和尚未成年的个体，羽毛形态一般也就和雌性成鸟相似了。

为什么称园丁鸟会搭建"求偶亭"？ "一夫多妻制"的园丁鸟雄鸟有着其他鸟类所望尘莫及的建筑艺术才能以及装饰"品位"，它们会搭建独特的"求偶亭"，以至于最早来到澳大利亚和新几内亚岛的欧洲人根本不相信这是鸟类搭建的，他们还认为这些是某些原住民妇女为了哄小孩特意做出来的。其实，不同园丁鸟所搭建的"建筑物"各不相同，它们在装饰品的选择和求婚仪式上也相当多样。例如，居住在澳大利亚东部雨林中的紫园丁鸟，当雄鸟成年后，早在交配季节到来之前，就会开始营建亭子以吸引配偶，为"求婚"做准备。另外，在离这个"求偶亭"几百米远的空地上或树枝上，还会有"婚后"为雌鸟专门修筑的杯形孵卵巢，用于其单独孵卵和照顾后代。而此时的雄鸟则继续忙于修饰自己的"求偶亭"，吸引下一位异性。

不同园丁鸟是如何修筑自己的"求偶亭"的？ 在"求偶亭"的选址上，齿嘴园丁鸟会在森林地面的落叶层清出一块求偶区域，铺上绿叶，叶子颜色较浅的一面朝上，然后几乎持续不断地鸣叫来吸引雌鸟。

它们还会在某些区域形成密集的"展姿场"。而黄头辉亭鸟、缎蓝园丁鸟、浅黄胸大亭鸟、冠园丁鸟、阿氏园丁鸟和金亭鸟等，则不会形成集体炫耀的"展姿场"，它们往往各自在自己所占据的空间里精心修筑自家的小庭院。有些园丁鸟"求偶亭"的亭址使用时间会长达数十年，这些雄性园丁鸟对自己的亭址有极大的忠诚度。有研究发现，一些缎蓝园丁鸟的亭址使用时间已经长达50年。不过雄性园丁鸟的这些修筑技巧可不是天生的，对于那些尚未成年的雄性园丁鸟而言，它们会去"参观"其他成年雄鸟的"求偶亭"，然后自己再搭建简单的"实习亭"来锻炼手艺，它们的"学徒"生涯会持续五六年之久。

园丁鸟是以果实为食的吗？ 绝大多数园丁鸟以食果实为主，但也会吃一些花、花蜜、叶、各种节肢动物和小型脊椎动物。尤其是那些动物性食物对园丁鸟的雏鸟非常重要，不过对于成年园丁鸟喜好的各类果实，雄鸟会将它们储藏于自己的"求偶亭"中。但园丁鸟家族中也有例外：黄头辉亭鸟的喙又细又长，它们喜欢取食花蜜；齿嘴园丁鸟则喜欢吃叶子，这在整个雀形目鸣禽中都是罕见的；缎蓝园丁鸟甚至还会成群地在地面上吃草。

判断对错

1. 园丁鸟就是极乐鸟。
2. 园丁鸟雌雄都长得差不多。
3. 园丁鸟的"求偶亭"由雄鸟所筑。
4. 园丁鸟天生就会筑"求偶亭"。
5. 园丁鸟主要以果实为食。

答案：1.× 2.× 3.√ 4.× 5.√

鸟界舞王——极乐鸟

明星名片

极乐鸟是雀形目极乐鸟科（科名：Paradisaeidae）鸟类的统称，它们有时也会被翻译为天堂鸟、凤鸟。极乐鸟以其雄鸟华丽的羽毛著称，尤其是那些从它们的喙、头部或翅膀延伸出的修长而精巧的羽毛。不过极乐鸟的雌鸟和未成年的雄鸟却只有一身暗淡的保护色。不同种类的极乐鸟体形差异颇大，体长从15厘米到110厘米、体重从50克到450克都有。通常而言，极乐鸟的雄鸟体形大于雌鸟。极乐鸟分布在印度尼西亚东部、托列斯海峡群岛、巴布亚新几内亚及澳大利亚东部。它们主要栖息在各种不同的热带森林中。极乐鸟大多以果实为食，但也有一些种类喜爱捕食各种节肢动物。

Bird-of-paradise

界：动物界 Animalia
门：脊索动物门 Chordata
纲：鸟纲 Aves
目：雀形目 Passeriformes
科：极乐鸟科 Paradisaeidae

属（部分）：
褐翅风鸟属 *Lycocorax*
辉风鸟属 *Manucodia*
肉垂风鸟属 *Paradigalla*
长尾风鸟属 *Astrapia*

大极乐鸟是"没有脚"的鸟？

在极乐鸟家族中，最著名的莫过于大极乐鸟了。大极乐鸟的学名是 *Paradisaea apoda*，其中 *apoda* 的拉丁文原意是"没有脚"，难道大极乐鸟真的没有脚吗？原来，学者们是以最初以从新几内亚岛带回欧洲的标本来描述这种鸟的，而这些标本已被人除去了翅膀和脚以用于其他交易，仅剩一个空外壳。所以这也就造就了一个传说——这种鸟既然没有翅膀，也没有脚，那么这些美丽的鸟一定从不降落，终日用全身的羽毛在"极乐天堂"飞翔，只有死后才坠落到地上。

极乐鸟都吃些什么呢？

极乐鸟是杂食鸟类，大多数极乐鸟以果实为食，但也会捕食多种节肢动物、小型脊椎动物，还会吃一些植物的叶和芽。如果考虑到不同极乐鸟种类之间巨大的体形和喙形差异，它们的食性差异也就不足为奇了。极乐鸟的喙多种多样，有的像乌鸦的那样短而结实，有的则像椋鸟的那样细巧。另外还有一些种类拥有长而下弯的镰刀形喙，这样的喙可以帮助它们在苔藓和树皮下面以及其他喙无法够到的叶基之间捕食各种节肢动物。镰嘴风鸟和掩鼻风鸟两类极乐鸟则高度特化为食虫鸟，很少取食果实。值得一提的是，掩鼻风鸟雌鸟的喙通常比雄鸟的大。原因在于许多极乐鸟在非繁殖期必须应对资源有限的困境。掩鼻风鸟喙形的性别差异，使得它们的雌鸟和雄鸟会选择不同种类或不同大小的猎物，于是也就大大降低了两性之间对有限食物的竞争。

极乐鸟生存在哪里？ 绝大部分极乐鸟仅分布于新几内亚岛及其周边的邻近小岛。不过，褐翅极乐鸟和幡羽极乐鸟分布于印度尼西亚的摩鹿加群岛北部，大掩鼻风鸟和小掩鼻风鸟则见于澳大利亚东部有限的区域内。此外，在新几内亚岛有广泛分布的丽色掩鼻风鸟和号声极乐鸟，在澳大利亚东北端的一些森林中也能找到它们的身影。在极乐鸟家族中，虽然有部分分布在新几内亚岛的种类会生活在低地环境，但大多数极乐鸟种类都栖息在不同山地的不同海拔范围内。

极乐鸟为何长得如此惊艳？ 极乐鸟之所以光彩夺目，其根本就在于一身色泽艳丽、形态奇绝的羽毛。根据针对极乐鸟所进行的基因研究，其家族自2 400万年前就已与其他鸟类在演化上分离，并由此形成5个分支，这也就是目前已知极乐鸟科14个属的起源。对于雄性极乐鸟而言，岛屿隔离生活所带来的丰富食物和难得一见的天敌，使得它们在演化上对于自身羽毛的装饰达到了极致。许多雄性极乐鸟羽毛会呈现出鲜艳异常的明黄、碧蓝、绯红和翠绿等亮色。除了张扬的色彩，它们还具有形态各异的头冠、翎羽和尾羽。例如"身段迷你，翎羽巨长"的萨克森极乐鸟、"尾长相当于三倍身长"的绶带长尾风鸟、"自带挑染天然卷"的丽色极乐鸟。有些雄性极乐鸟需要花上7年才能让羽毛完全长好，从而在求偶时具有更大的优势。这些神奇到令人惊呼不科学的羽

毛，无疑让极乐鸟在鸟类世界中独树一帜，没有其他哪类鸟能像极乐鸟那样在羽毛结构和着色上表现出如此的多样性，而这正是对大自然性选择的一种终极表达。

极乐鸟除了浑身绚丽的羽毛，还有哪些"过人之处"？在"金嗓子"颇多的鸟类大家族中，极乐鸟的歌喉有些"五音不全"，不过它们却是舞蹈界的佼佼者，其优美的舞步令人过目难忘。求偶仪式最具喜剧色彩的当属华美极乐鸟。雄鸟在求偶时，会先用鸣叫声召唤雌鸟。当雌鸟落在其面前时，雄鸟会张开双翼，形成一张半椭圆形的黑色"幕布"，像是一张大黑脸，头顶的蓝色羽片在"幕布"上缩为两个蓝点，犹如一双明亮的蓝眼睛，胸部的蓝色胸盾张开，神似一张微笑的大嘴，整个造型如同一张小丑面具。

判断对错

1. 极乐鸟雄鸟比雌鸟体形大，且羽毛更华丽。
2. 所有极乐鸟日常均以果子为食。
3. 极乐鸟主要生活在大洋洲的热带雨林中。
4. 极乐鸟中个头最小的是王凤鸟。
5. 极乐鸟叫声优美。

答案：1.√ 2.× 3.√ 4.√ 5.×

三、一起来画一画吧!

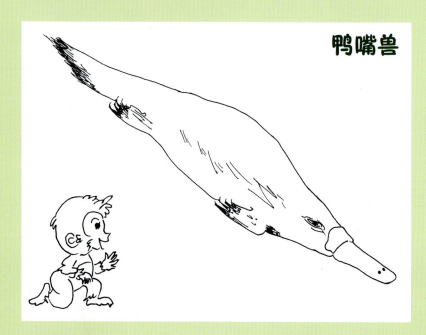
鸭嘴兽

针鼹

树袋熊

袋獾

袋熊

赤大袋鼠

澳洲野犬

喙头蜥

鬃狮蜥

湾鳄

鸸鹋

鹤鸵

几维鸟

笑翠鸟

家雉

琴鸟

鸮鹦鹉

虎皮鹦鹉

园丁鸟

极乐鸟

四、一起来学习一下动物的科学分类吧!

中文名称	英文名称	学 名	界	门	纲	目	科	属
鸭嘴兽	Platypus	*Ornithorhynchus anatinus*	动物界	脊索动物门	哺乳纲	单孔目	鸭嘴兽科	鸭嘴兽属
针鼹	Echidna	Tachyglossidae	动物界	脊索动物门	哺乳纲	单孔目	针鼹科	针鼹属、原针鼹属
树袋熊	Koala	*Phascolarctos cinereus*	动物界	脊索动物门	哺乳纲	双门齿目	树袋熊科	树袋熊属
袋獾	Tasmanian Devil	*Sarcophilus harrisii*	动物界	脊索动物门	哺乳纲	袋鼬目	袋鼬科	袋獾属
袋熊	Phascolomidae	Phascolomidae	动物界	脊索动物门	哺乳纲	双门齿目	袋熊科	袋熊属
赤大袋鼠	Red Kangaroo	*Macropus rufus*	动物界	脊索动物门	哺乳纲	双门齿目	袋鼠科	大袋鼠属
澳洲野犬	Dingo	*Canis lupus dingo*	动物界	脊索动物门	哺乳纲	食肉目	犬科	犬属
喙头蜥	Sphenodon	*Sphenodon punctatus*	动物界	脊索动物门	爬行纲	喙头目	喙头蜥科	喙头蜥属
鬃狮蜥	Bearded Dragon Lizards	*Pogona vitticeps*	动物界	脊索动物门	爬行纲	有鳞目	飞蜥科	鬃狮蜥属
湾鳄	Saltwater Crocodile	*Crocodylus porosus*	动物界	脊索动物门	爬行纲	鳄目	鳄科	鳄属
鸸鹋	Emu	*Dromaius novaehollandiae*	动物界	脊索动物门	鸟纲	鹤鸵目	鸸鹋科	鸸鹋属
鹤鸵	Cassowary	*Casuarius*	动物界	脊索动物门	鸟纲	鹤鸵目	鹤鸵科	鹤鸵属
几维鸟	Kiwi	*Apteryx*	动物界	脊索动物门	鸟纲	无翼鸟目	无翼鸟科	无翼鸟属
笑翠鸟	Laughing Kookaburra	*Dacelo*	动物界	脊索动物门	鸟纲	佛法僧目	翠鸟科	笑翠鸟属
冢雉	Megapode	Megapodiidae	动物界	脊索动物门	鸟纲	鸡形目	冢雉科	冠冢雉属等
琴鸟	Lyrebirds	Menuridae	动物界	脊索动物门	鸟纲	雀形目	琴鸟科	琴鸟属
鸮鹦鹉	Kakapo	*Strigops habroptila*	动物界	脊索动物门	鸟纲	鹦形目	鸮鹦鹉科	鸮鹦鹉属
虎皮鹦鹉	Budgerigar	*Melopsittacus undulatus*	动物界	脊索动物门	鸟纲	鹦形目	长尾鹦鹉科	虎皮鹦鹉属
园丁鸟	Bowerbirds	Ptilonorhynchidae	动物界	脊索动物门	鸟刚	雀形目	园丁鸟科	猫声园丁鸟属等
极乐鸟	Bird-of-paradise	Paradisaeidae	动物界	脊索动物门	鸟纲	雀形目	极乐鸟科	褐翅风鸟属等

内容撰写和图片提供者名录

内容撰写者（排名不分先后）

高思琴：鬃狮蜥

宋钰洁：喙头蜥、湾鳄

艾丽菲拉：鹤鸵

刘思聪：袋熊

周昱含：冢雉

宋　航：袋獾

薛会萍：鸭嘴兽：鸸鹋

高　艳：针鼹、湾鳄

宋婉莉：树袋熊、鸮鹦鹉

高　洁：赤大袋鼠、笑翠鸟

卓京鸿：澳洲野犬

谢晓敏：几维鸟

赵　妍：琴鸟、园丁鸟

王晓丹：虎皮鹦鹉、极乐鸟

晓　羽：大洋洲简介

顾　睿：鸮鹦鹉

任奕君：鸭嘴兽

唐　屹：琴鸟

雷　璟：赤大袋鼠

雷民荞：几维鸟

朱晴雨：虎皮鹦鹉

王　镇：喙头蜥

郭津含：袋獾

任　辙：澳洲野犬

冯思琪：针鼹

余楸垚：袋熊

孙　诺：鹤鸵

马艺铭：鬃狮蜥

徐雨彤：园丁鸟

余　悦：鸸鹋

叶　逸：冢雉

美术作品手绘作者（排名不分先后）
特别感谢上海市香山中学的教师和学生们！

胡晏菲：极乐鸟

童乐凡：湾鳄

王怡雯：树袋熊

王诗云：笑翠鸟

原创摄影照片提供者

特别感谢Pexels数据库和Wikipedia提供的免费照片。

特别感谢来自上海铁路局77岁退休工程师冯永明的手绘简笔画！

感谢忠实的小读者上海市徐汇中学南校姜皓天同学为本书提供的建议。

AR（增强现实）使用说明

1. 检查配置

苹果 iOS 平台

支持iOS 7.0以上版本系统；

支持iPhone 5以上，iPad 2以上（包括iPad Air）。

安卓 Android 平台

支持装有Android 4.1以上版本。

CPU: 1 GHz（双核）以上

GPU: 395 MHz以上

RAM: 2 GB

为保证使用流畅，请在安装之前，确认手机或平板电脑内预留2GB以上的可用容量。

2. 下载程序

方法一： 网址 http://hd.glorup.com

方法二：扫描二维码

进入"走近动物"界面，选择苹果或安卓系统对应安装。

3. 操作步骤

步骤一：点击"走近动物"APP图标进入程序。

步骤二：点击程序界面中的"大洋洲动物系列"按钮，再点击"开始"按钮进入程序。注意：过程中请确保手机或平板电脑与互联网连接。

步骤三：将手机或平板电脑摄像头对准书中标有"AR魔法图片"的手绘图进行扫描（适宜范围20—40cm），即可感受4D奇妙乐趣。

4. 使用须知

● 确保手机或平板电脑扬声器已经打开，以便欣赏其中的音效。

● 在欣赏4D动画时，可以适当转动手机或平板电脑的角度，从不同的方向观看，也可以脱离已识别的"AR魔法图片"区域，对识别到的动画进行放大、缩小、旋转和位移操作，并且与动物拍照互动。

界面说明

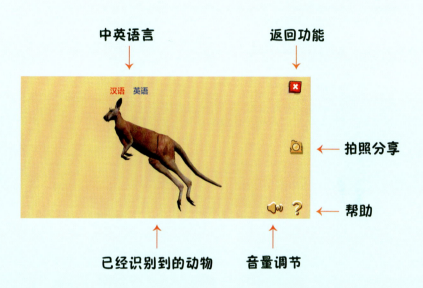

提示：以下情况可能会造成图像不能被识别

● 强烈的阳光或灯光直射造成页面反光。
● 昏暗的环境或光线亮度不停变换的环境。
● 在指定图片以外的区域扫描。
● 页面图片有大面积破损、折断、污染、变形等。

AR 技术支持　QQ：3490780553